HOME

녹색식물 인테리어

임순기 감수 · 김혜정 지음

일진사

　한동안 웰빙이라는 단어는 안 쓰이는 곳이 없을 정도로 우리의 생활을 지배해왔다.

　웰빙(well-bing)이란 육체적, 정신적인 건강 추구를 위해 좀더 나은 삶을 살자는 말일 것이다. 웰빙이 떠오르게 된 배경에는 기본적인 의식주 문제가 해결되면서 건강하고 행복해지는 삶에 대한 관심이 늘어난 데에 있지 않을까 한다.

　어디를 가든, 무엇을 하든, 웰빙이 화두인 요즈음 가족들의 행복에 책임감을 가지고 사는 주부들로서는 먹는 것·입는 것·보는 것·어느 것 하나 소홀히 할 수 없는 게 사실이다. 여유가 없이 빡빡한 도시의 삶, 특히 갑갑하고 답답한 아파트 문화에 젖어 살고 있는 우리의 가족들에게 집이란 편히 쉴 수 있는 휴식처가 아닐까…. 따라서 주부의 조그만 노력으로 온 가족이 보다 행복해질 수 있다면 그보다 더 좋은 일은 없을 것이다.

　녹색 식물이 우리에게 주는 것은 생각 외로 많다. 생명을 키우는 기쁨, 수확을 기대하면서 갖게 되는 즐거움에 더해 건강까지 지켜주니 정말 고마운 식물이다. 웰빙에 대한 관심이 높아지면서 자연스레 자연과 함께하는 삶에 눈길이 가고 있다. 이런 면에서 볼 때 실내에서 키우는 식물들이야말로 웰빙 생활에 딱 맞는 것이다. 집안 곳곳에 녹색 식물들을 놓고 기르고, 가꾸는 생활을 통해 자연에서 살지 못하는 아쉬움을 충분히 달랠 수 있을 것이다. 이 책은 식물 각각의 특성과 기능에 맞춰 위치를 정하고 쉽게 가꾸는 방법을 알려준다.

　우리 가족의 건강한 삶을 위한 방법에 이 한 권의 책이 조금이나마 도움이 될 수 있으면 하는 바람이다.

　마지막으로 이 책을 위해 끝까지 애써주신 모든 분들께 진심으로 감사를 드린다.

Part 02 ≫
이런 식물 이렇게도 꾸며봐요

부록 ≫
알아두면 좋아요

현관 · 한 집의 공기를 가장 먼저 느끼게 되는 곳이 현관이다. 또한 현관은 외부와 바로 연결되는 곳으로 그만큼 실외 대기오염 물질이 들어오기 쉽다. 때문에 아황산이나 아질산 등 실외 오염 물질을 제거해주는 기능을 가진 식물을 놓아두면 효과적이다.

베란다 · 외부의 빛이 바로 스며들어 다른 어느 곳보다 미니 정원을 꾸미기 좋은 곳으로 집안 분위기를 좌우하기도 하는 공간이 베란다이다. 이런 점을 고려하여 식물을 꾸미는 것이 좋고, 집안에 배어있는 냄새와 유기화학물질(VOC)을 제거할 수 있는 식물을 두면 좋다.

주방 · 요리할 때 발생하는 일산화탄소와 이산화황, 이산화질소를 제거할 수 있는 식물을 둔다. 음식 냄새를 없애줌은 물론 공기정화 능력이 탁월한 스킨답서스, 산호수, 아이비 등을 두는 것이 좋으며 향이 좋은 허브류를 두는 것도 괜찮다. 주방에는 큰 화분을 통째로 두는 것 보다 예쁜 미니 화분을 오밀조밀 모아두는 것이 좋다.

화장실 · 화장실과 욕실에는 암모니아 가스를 제거하고 냄새를 흡수하는 식물을 놓아둔다. 공간의 특성상 빛이 없어도 잘 자라는 음지 식물을 두어야 하지만 샤워시 뿌리가 물에 노출되지 않도록 한다.

거실 · 가족 모두가 모이는 거실에는 호흡기 질환, 피부 질환 등을 유발하는 크실렌(xylene), 암모니아(ammonia), 포름알데히드(formaldehyde) 등과 같은 오염물질이 많다. 때문에 이들 성분을 제거하는 기능을 가진 식물을 둔다.

침실 · 편안한 잠자리를 위해 자극적이거나 꽃이 크고 화려한 식물과 넝쿨 식물들은 피하는 것이 좋다. 조용하고 아늑하면서 행복감을 느낄 수 있도록 음이온을 방출하고 마음을 안정시켜주는 식물을 두도록 한다.

아이들 방 /서재 · 컴퓨터를 비롯한 여러 가지 전자 제품에 노출되기 쉬우므로 이를 차단하고 집중력 향상에 도움이 되는 식물을 두도록 한다. 규모가 크지 않으면서도 이산화탄소를 흡수하며 음이온을 방출하는 식물이나 기억력 향상에 좋은 허브류를 추천할 만하다.

Part 01

"이런 곳엔 이런 식물을 놓으세요"

깔끔한 이미지
드라세나 마지나타

환경적응력이 뛰어나 어떤 주거환경에서도 잘 자라는 이상적인 공기정화 식물이다.

옮·겨·심·기

준비물
마지나타, 용기, 분갈이 흙, 하이드로 볼, 분무기

특징
1. 생명력이 강한 초본류로 잎이 야자처럼 뻗어 자라며 꽃이 거의 자라지 않는다.
2. 많은 잎을 보려면 식물의 성장기인 4~10월 사이에 영양분을 공급해 준다.
3. 밑 부분의 잎이 처지거나 누렇게 변하면 그 부분만 잘라낸다.

장소 서늘한 반그늘 또는 그늘진 곳

관리
1. 화분 위의 흙이 말랐을 때 물을 준다.
2. 분무기를 이용하여 잎 부분에 충분히 물을 뿌려 싱싱한 외관을 유지하도록 한다.
3. 잎의 끝 부분이 처지거나 누렇게 변하면 그 부분만 잘라낸다.

뿌리에 묻은 흙을 반쯤 털어 내고 준비한 용기에 옮긴다.

분갈이용 흙을 채워준다.

채워준 흙을 꾹꾹 눌러준다.

하이드로 볼을 위에 깔아 준다.

향긋함을 안겨주는
스파트 필름

아황산, 아질산의 흡수 효과가 뛰어난 대표적인 공기정화 식물이다.

특징 1. 여러해살이 화초로 겨울철 실내식물로 키우기 좋다.

2. 꽃은 식물이 왕성한 시기에 수시로 올라오며 빛이 많으면 더 많은 꽃을 볼 수 있으며 우아한 외관을 자랑한다.

장소 직사광선을 피한 양지나 반음지

관리 1. 분무기로 물을 자주 뿜어주고 분이 마르면 적당량의 물을 주도록 한다.

2. 겨울철 서늘한 곳에 둘 때는 물 주는 양을 두 배 정도 늘린다.

3. 성장 속도가 빠른 편이므로 매년 봄 분갈이와 포기 나누기를 하는 것이 좋다.

우리집 건강 지킴이

팔 손 이

냄새제거 기능이 있는 공기정화 식물로 특히 아토피가 있는 어린이에게 유익하다.

특징
1. 널리 알려진 관엽식물로 생장기간이 짧은 편이다.
2. 팔각금반이라고도 하며 직사광선을 받으면 더 잘 자라는 식물이다.
3. 잎은 손바닥 모양으로 생겼으며 윤기나는 짙은 초록색이다.
4. 중간중간 새순이 나오며 빛을 받는 쪽이 더 활성화되므로 수형을 고려해 돌려가며 키운다.

장소 직사광선을 피해 통풍이 잘 되는 곳

관리
1. 뿌리는 항상 일정 수분을 유지하도록 하며 겨울철에는 수분 관리에 더욱 신경쓴다.
2. 뿌리가 화분에 꽉 차면 봄에 분갈이를 해 준다.
3. 사계절에 맞게 키우면 되지만 겨울에는 뿌리가 얼지 않도록 실내로 들여 놓는다.

컵 속에서 자라는
분화 국화

옮·겨·심·기

준비물
국화 2개, 용기, 분갈이 흙, 하이드로 볼, 분무기

델몬트라는 이름으로도 불리는 꽃이 예쁜 국화로, 빛이 잘 드는 베란다에 두고 본다.

특징 1. 꽃이 만발하는 가을철 국화 화분이다.
2. 휘발성 유해물질(VOC) 제거 능력과 암모니아 제거 능력이 탁월한 식물이다.

장소 직사광선이 내리쬐지 않는 밝은 곳

관리 1. 베란다에 놓아두더라도 햇살이 강한 때는 햇빛을 가려주는 것이 좋다.
2. 꽃이 져버린 꽃대는 빨리 잘라준다.

주의 분갈이를 할 때에는 뿌리의 흙을 반쯤 털어낸 다음 옮겨 심도록 하며 분갈이가 끝난 후에는 물을 흠뻑 주도록 한다.

1. 기존의 화분에서 식물을 덜어내어 반쯤 흙을 털어낸다.

2. 옮겨 심을 화분에 흙을 조금 담은 다음 국화를 옮긴다.

3. 꾹꾹 눌러가며 흙을 채운다.

4. 하이드로 볼을 올려준다.

5. 분무기를 해준다.

베란다를 화사하게
주머니꽃 셀란

한해살이 화초로 구입할 때에는 꽃봉오리의 개수가 많은 것을 고른다.

특징
1. 원래의 이름은 칼세울라리아로 도톰한 꽃모양이 주머니 같다고 하여 주머니꽃이란 이름이 붙여졌다.
2. 봄에 꽃을 피우는데 노란, 주황 다갈색 얼룩무늬가 아름다운 식물이다.
3. 4~9월 사이에 대략 2~3개월 정도 꽃이 피나 분화로 판매되는 것은 특별한 개화기가 없고 환경이 좋을 경우 야생의 다른 꽃들보다 오래 꽃을 볼 수 있다.

장소 통풍이 잘되고 햇빛이 잘 드는 곳

관리
1. 뿌리가 마르지 않도록 하며 물을 줄 때는 꽃에 물이 닿지 않도록 주의한다.
2. 너무 더우면 병이 생기기 쉬우므로 통풍에 신경 쓴다.
3. 시든 꽃은 바로 따주도록 한다.

미니 포토에 담긴
칼랑코에

꽃 색깔이 다채로워 인기가 많은 화초로 개화기가 길어 불로초라고도 불린다.

특징
1. 다육식물로 건조에 강하며 빛을 좋아하는 식물이다.
2. 해가 짧아지는 시기에 꽃눈이 형성되어서 꽃을 피운다.
3. 꽃 수명도 길고 건조에도 강한 편이라 원예적으로 가치가 높다.

장소 다소 건조하고 밝은 곳

관리
1. 실온에서 잘 자라는 식물로 생육온도는 18~27℃ 정도로 유지하고 꽃이 진 뒤 겨울철엔 10~13℃의 서늘한 곳에서 관리한다.
2. 꺾꽂이를 하면 뿌리가 잘 자라므로 화분 수를 늘리는 재미가 있다.
3. 다육식물이므로 물을 너무 많이 주면 뿌리가 썩는다. 흙 표면이 마른 다음날 물을 주도록 하고 꽃이 피는 기간에는 물을 더욱 조금씩 준다.
4. 꽃이 지면 아랫부분을 잘라 모양이 흐트러지지 않도록 한다.

꽃이 예쁘고 아름다운
게발선인장

겨울철 실내식물로 키우기 좋으며 줄기가 밖으로 흘러내리므로 높은 곳에 두고 본다.

옮·겨·심·기

준비물

게발선인장, 용기, 분갈이흙,
하이드로 볼, 분무기

특징

1. 다육식물로 꽃이 화려하고 한 번 꽃을 피우면 몇 주에 걸쳐 계속 꽃이 핀다.
2. 번식력이 좋아 줄기의 마디 부분을 잘라 꺾꽂이를 해도 잘 자란다.
3. 장식 또는 걸이용 화초이다.

장소 직사광선을 피한 밝고 따뜻한 곳

관리

1. 화분의 흙이 건조할 때 충분히 물을 주고 분무기로 자주 물을 뿜어준다.
2. 꽃을 피우기 위해 가을에서 초겨울 사이 휴면기를 가지는 것이 좋다. 휴면기에는 물을 적게 주고 온도는 10~15℃ 사이를 유지시킨다.

뿌리에 묻은 흙을 반쯤 털어 낸다.

용기에 담아 분갈이용 흙을 채운다.

하이드로 볼을 깔아준다.

분무기로 물을 충분히 준다.

냄새가 향긋한
율마

피톤치드를 발생시켜 실내 공기정화에 더없이 좋은 식물이다.

특징 1. 잎이 바늘 모양인 관엽식물로 햇빛을 좋아해 어두운 곳에 두면 율마 특유의 독특한 특성
을 볼 수 없다.
2. 손으로 쓰다듬듯이 만져 코에 대면 독특하고 싱그러운 향기를 맡을 수 있다.
3. 해로운 미생물을 죽이고 머리를 맑게 하는 피톤치드를 발생시킨다.

장소 직사광선을 피한 반그늘

관리 1. 물에 대한 스트레스가 특히 심한 식물이므로 화분의 흙이 말랐을 때에만 물을 흠뻑준다.
2. 뿌리가 완전히 마르지 않을 정도로만 물을 주고 온도가 내려가면 물의 양을 더 줄인다.
3. 과습으로 뿌리가 썩었을 경우 물 빠짐이 좋은 상토에 분갈이 해 준다.

미니 포토에 담아 예쁘게 포장한
호 야

키우기가 쉽고 잎의 광택이 유난히 싱그러워 실내원예 식물로 인기가 많다.

특징 1. 물을 좋아하지 않는 넝쿨성 관엽식물이다.

2. 줄기가 잘 늘어지므로 매달아서 키우기에 적당하다.

3. 6~9월 사이에 꽃이 피는데 꽃에서 강한 향기가 난다.

장소 밝은 반그늘

관리 1. 토양에 물기가 너무 많으면 뿌리가 썩을 수 있으므로 물 빠짐이 좋은 배합토에 심도록 한다.

2. 화분을 풍성하게 만들려면 2~3마디 정도 잘라 꺾꽂이를 한다.

3. 다육질의 식물로 하절기에는 화분의 흙이 마르고 2~3일 뒤, 동절기에는 3~4일 뒤에 물
  을 준다.

야성적이고 활기찬 멋의
콤팩타

빛이 부족하거나 겨울철 건조한 환경에서도 비교적 잘 자란다.

특징
1. 실내 관엽식물로 높이는 50cm 정도이고 줄기는 곧게 자란다.
2. 칼 모양의 진녹색 잎에는 광택이 나며 마디 사이가 짧아 매우 빽빽하게 난다.
3. 잎의 마디마디가 빽빽하고 짧은 편이다.

장소 양지나 반그늘의 고온다습한 곳

관리
1. 공기가 건조할 때 분무기로 물을 뿜어주면 병충해 예방은 물론 싱싱한 외관을 유지할 수 있다.
2. 여름철에는 표면의 흙이 충분히 말랐을 때, 겨울철에는 표면의 흙이 뽀얗게 되면 물을 준다.
3. 공중 습도를 높게 유지시킨다.

귀여운 동물 옷을 입은
스킨답서스

해충에 대한 저항력이 강할 뿐 아니라 재배와 관리가 쉬워 인기가 높은 실내용 식물이다.

특징
1. 덩굴성 식물로 줄기가 아래로 늘어지므로 덩굴 받침대를 받쳐주거나 걸이용 화분에 담아둔다.
2. 가지를 잘라 물에 넣어두면 쉽게 뿌리를 내린다.
3. 녹색잎과 얼룩무늬잎 두 종류가 있으며 흔히 스킨이라고도 부른다.

장소 통풍이 잘 되는 반그늘

관리
1. 흙이 어느 정도 건조해지면 물을 주고 가끔 물수건으로 잎을 닦아준다.
2. 줄기가 너무 길게 내려오면 지저분해 보이므로 가지를 잘라 꺾꽂이해준다.
3. 가지를 잘라 물속에 넣어두면 뿌리가 내리는데 뿌리가 내리면 화분에 옮겨 심는다.

＊ 포트분 같은 작은 화분은 예쁜 캐릭터를 오려붙인 우유팩에 넣어 끈으로 고정해 걸이용 분으로 장식하면 좋다.

입맛을 돋우는 식탁 위의
산 호 수

탄소동화작용이 뛰어나 주방에서 발생하는 일산화탄소를 제거하는 데 적합하다.

특징
1. 척박한 모래성분의 흙에서도 잘 자라며 옆으로 길게 뻗어 나가는 성질이 있다.
2. 실내조경용으로 주로 쓰이고 타박상이나 류머티즘에 약용으로 쓰이기도 한다.
3. '자금우' 과이나 그에 비해 잎과 줄기에 털이 많고 연약하다.

장소 직사광을 피한 반그늘

관리 물을 좋아하는 식물이므로 물을 줄 때는 흠뻑 주는 것이 좋으며, 분무기로 잎에 자주 물을 뿜어주어 싱싱한 외관을 유지한다.

옮·겨·심·기

1. 뿌리에 붙어 있는 흙을 반쯤 털어낸다.
2. 잔뿌리가 너무 길게 뻗쳐 있으면 가위로 끝을 조금 잘라낸다.
3. 준비한 화분에 옮겨 심는다.
4. 분갈이용 흙으로 채우고 꾹꾹 눌러준다.
5. 위에 하이드로 볼을 올린다.

쾌적한 주방을 위한
아펠란드라

잎과 꽃이 아름다우며 냄새 제거 기능이 뛰어나 주방에 두면 좋다.

특징
1. 잎과 꽃이 아름답고 산뜻해 화분 장식이나 실내조경 모두에 잘 어울린다.
2. 잎맥에 따라 선명한 무늬가 있어 관상용으로 좋다.

장소 햇빛이 잘 드는 밝은 곳

관리
1. 물은 흙이 촉촉한 정도로 유지시켜주며, 수분이 부족하면 공중에서 분무기로 물을 뿜어준다.
2. 기온이 10℃ 이하로 떨어지면 아랫 잎이 떨어지므로 너무 추운 곳에 두지 않도록 한다.
3. 상처가 생기면 곰팡이가 침입해 반점이 생길 수 있으므로 주의한다.

주방 최고의 인테리어
아 이 비

고온을 제외한 어떤 환경에서도 잘 적응하며, 포름알데히드 제거 능력이 매우 뛰어나다.

특징 1. 덩굴성 식물이기 때문에 가지가 잘 뻗어 올라간다.

2. 꽃은 거의 피지 않으며 생명력이 아주 강한 덩굴화초이다.

3. 잎의 형태 중 줄무늬가 있는 품종은 다른 종류보다 빛을 더 필요로 한다.

장소 통풍이 잘 되는 반그늘

관리 1. 생육 적정온도는 16~20℃로 통풍이 잘 되는 곳에서 기른다.

2. 물은 화분의 흙이 말랐을 때 충분히 주고, 하루 1~2차례 잎면에 분무기로 살짝 뿜어주면 싱싱한 외관을 감상할 수 있다.

3. 분갈이보다는 가지치기를 자주 해주는 것이 좋다.

화장실에 꼭 필요한
스파트 필름

내음성이 강한 스파트 필름은 통풍이 잘 되지 않는 화장실에 두면 좋다.

공기정화 식물

집안의 자연 환기가 여의치 않을 경우 기계식 공기청정기나 식물을 놓아두면 좋다.
공기정화 식물은 대부분이 크기가 1m 이상이고, 잎이 넓은 관엽식물로 실내에 놓아두면
공기오염 물질과 냄새 제거, 음이온 발생, 전자파 차단 등 심신을 안정시키는 원예 치료
까지 다양한 이로움을 얻을 수 있다.

칙칙하고 어두운 화장실에
안스리움

잎의 색이 예쁘고 암모니아 제거 기능 및 공기정화 능력이 뛰어나 새집증후군에 좋다.

특징
1. 붉은 불염포와 꽃술이 특이한 여러해살이 관엽식물이다.
2. 빨강색, 주황색, 흰색, 분홍색, 녹색 등의 다양한 색의 꽃은 꽃꽂이 재료로도 많이 쓰인다.
3. 열대 지역이 원산지로 고온 다습한 환경을 적절히 맞춰주면 아름다운 잎과 화려한 불염포를 오래 감상할 수 있다.

장소
직사광선이 들지 않는 따뜻한 반그늘

관리
1. 습한 환경을 좋아하므로 항상 촉촉하게 유지하는 것이 좋으나 뿌리는 물에 젖어 있으면 안된다.
2. 공중 습도가 높은 것을 좋아하긴 하지만 물이 잎에 직접 닿으면 갈색 얼룩이 생길 수 있으므로 삼가하고 간혹 젖은 천으로 닦아준다.
3. 화장실에 둘 경우에는 가끔 빛이 드는 곳으로 옮겨 충분히 빛을 흡수할 수 있도록 한다.
4. 봄이나 여름에 뿌리가 뻗으면 분갈이를 해주는 데 잔뿌리가 너무 길면 조금 잘라낸다.

상쾌한 화장실을 위한
맥 문 동

관상용, 식용으로 이용되며 암모니아 제거능력이 뛰어나다.

특징 1. 백합과의 다년생 초본식물로 잎이 벨벳처럼 매끈한 느낌을 준다.

2. 이뇨, 심장염, 해열, 감기, 진정, 강심제 등의 약용으로도 많이 쓰인다.

장소 반그늘 또는 실내

관리 1. 추위에 약하므로 겨울철에도 10℃ 이하로 내려가지 않도록 한다.

2. 습한 곳을 좋아하므로 수분을 충분히 공급해 준다.

3. 배수가 잘 되는 입자가 큰 토양을 사용하거나 수경재배를 해도 잘 자란다.

편안한 시간을 위한
테이블 야자

공간이 좁아 화분을 놓기 힘들면 테이블 야자와 수태를 이용한 작은 볼을 만든다.

수태의 특징

1. 물이끼라고도 불리는 수태는 식물을 이용한 볼이나 토피어리에 쓰이는 기본 재료이다.
2. 잎의 속이 비어 있어 물을 잘 흡수하기 때문에 물이끼란 이름이 붙여졌다.
3. 좋은 수태는 많은 양의 물을 흡수·저장할 수 있어 보습성이 좋고 자연 항균 작용과 함께 통기성이 좋아 잘 썩지 않는다.

기분 좋은 공간을 위한
싱고니움

암모니아 제거 기능과 함께 VDT 증후군에 좋은 열대성 덩굴 화초로 초보자도 키우기 쉽다.

특징
1. TV나 컴퓨터 모니터를 오랫동안 바라봤을 때 생기는 VDT 증후군 개선에 좋다.
2. 초보자도 쉽게 키울 수 있는 식물로 해충에도 강해 실내에서 키우기 적합하다.
3. 하트 모양의 잎을 가지고 있으며 흰색부터 옅은 연두색, 초록색까지 다양한 그린 컬러가 섞여 있다.

장소 따뜻하고 습도가 높은 양지나 반그늘

관리
1. 습도가 높은 장소에 두는 것이 좋으며 뿌리가 항상 일정한 습도를 유지하도록 한다.
2. 분무기로 물을 자주 뿜어주도록 하고 덩굴 받침대를 세워준다.
3. 풍성한 모양을 원하면 위로 올라온 가지를 정기적으로 잘라주고, 뿌리가 화분 가득차면 분갈이를 한다.

풍성한 그린
아스프레니움 아비스

연한 녹색의 잎이 아름다운 식물로 실내 공기정화 능력이 뛰어나다.

특징
1. 속에서 새순이 나오며 오래된 잎은 옆으로 퍼지는 성향이 있다.
2. 직사광선은 피해야 하지만 4~11월까지 밝은 곳에 두면 잎이 풍성해진다.
3. 착생, 양치류 식물로 꽃은 거의 피지 않는다.

장소 직사광선이 쬐지 않고 습도가 높은 그늘 또는 반그늘

관리
1. 겨울철에도 온도를 10° 이상으로 유지하도록 하며, 흙이 완전히 마른 뒤에 물을 주도록 한다.
2. 물을 자주 뿌려주면 잎에서 광택이 난다.
3. 2~3년에 한 번 뿌리가 화분에 가득 찼을 때 분갈이를 한다.

빨간 열매가 예쁜
천 량 금

사람의 마음을 안정시켜 주며 돈을 부른다는 속설이 있다.

특징 1. 진정 효과가 있어 공부방에 두면 좋다.

2. 제주도 자생종으로 백량금이라도 불린다.

3. 6월이면 가지 끝에 별 모양의 흰 꽃이 피고, 가을에 진분홍빛 열매가 달린다.

장소 고온다습한 반그늘

관리 1. 물을 많이 주고 주위 습도를 높게 유지한다.

2. 화분의 흙이 마른듯하면 물을 주는데 겨울철에는 4~5일에 한 번 준다.

3. 한 포기보다 다른 식물과 함께 모아심기를 한다.

풍성한 밀림의 느낌
킹 벤자민

실내 오염 물질인 포름알데히드 · 아황산 · 아질산 등의 흡수력과 정화 능력이 뛰어나다.

특징
1. 가지가 길게 늘어지는 형태로 인도고무나무가 남성적 느낌이라면 벤자민은 여성적 느낌의 식물이다.
2. 환경 변화에 민감한 대신 한 번 적응하면 건강하게 잘 자란다.
3. 산소 배출량이 많아 공기정화에 큰 도움이 된다.

장소 반그늘

관리
1. 겨울엔 겉흙이 완전히 말랐을 때만 물을 주고, 평소에는 뿌리가 젖어 있지 않도록 주의한다.
2. 통풍이 잘 되지 않으면 잎이 떨어질 수 있으므로 자주 통풍을 시킨다.
3. 겨울에는 영양분을 주지 않고 5~10월 사이에 영양분을 공급한다.

거실을 시원하게
아레카 야자

NASA에서 발표한 톨루엔과 크실렌 제거율 1위인 최고의 공기정화 식물이다.

특징 1. 새순이 기존 줄기에서 나오는 것이 아니라 밑에서 올라와 점점 커져 잎이 멋스럽게 퍼진다.

2. 시원한 오아시스 느낌을 주어 여름철 정서적인 측면에 좋다.

3. 최대 4~7m까지 자라는 식물로 병충해에 강하다.

장소 통풍이 잘 되는 반그늘

관리 1. 수돗물의 염소 성분을 줄기에 저장하는 능력이 있기 때문에 물을 받아서 1일 정도 후에 주는 것이 좋다.

2. 화분의 흙이 마를 때쯤 물을 주고, 분무기로 물을 자주 뿜어준다.

3. 온도는 10℃ 이상으로 유지한다.

거실을 싱그럽게
보스턴 고사리

포름알데히드 제거 능력과 증산작용이 뛰어나며 담배연기 제거 능력이 탁월하다.

특징 1. 고사리과의 푸르고 싱싱한 식물로 세계적으로 가장 많은 사랑을 받는 식물 중 하나이다.

2. 겨울철에도 잘 견디며 증산작용이 뛰어나 가습기의 기능을 한다.

장소 통풍이 잘 되는 반그늘

관리 1. 건조한 환경을 피해 물은 충분히 주고, 잎은 분무기로 자주 물을 뿜어준다.

2. 마른 잎은 그때그때 잘라준다.

3. 오래될수록 활 모양으로 늘어져 휘어지므로 걸이용 화분이나 오브제에 올려 외관을 살릴
   수 있도록 배치하는 것이 좋다.

스탠드와 함께

홍콩 야자

봄부터 늦가을까지 풍성한 잎을 볼 수 있으며 증산작용 및 포름알데히드 제거 능력이 뛰어나다.

옮·겨·심·기

준비물
홍콩 야자, 용기, 분갈이 흙,
하이드로 볼, 분무기

특징 1. 연한 녹색 빛이 아름다운 식물로 마디마디 잎이 풍성해진다.
2. 잎이 손바닥 모양으로 녹색과 노란색 얼룩무늬가 있는 두 종류가 있다.
3. 가지를 잘라서 물이나 흙에 두어도 뿌리를 잘 내린다.

장소 밝은 빛이 드는 양지

관리 1. 겨울에는 흙이 완전히 마른 뒤에 물을 주도록 한다.
2. 햇볕을 좋아하며 추위에 약하다. 겨울철엔 5℃ 이상의 빛이 잘 드는 창가 쪽에 둔다.
3. 오래된 나무일수록 가지가 더욱 풍성해진다.

화분에서 꺼내 흙을 반쯤 털어낸다.

흙을 털어낸 홍콩 야자를 옮겨 심을 용기에 심어준다.

분갈이용 흙으로 화분을 가득 채운다.

하이드로 볼을 얹어 마무리한다.

거실 속의 소품
아스파라거스

반음지 식물로 다른 양치류와 마찬가지로 꽃화초의 배경 장식용으로 사용하면 좋다.

특징 1. 줄기가 가늘고 잎이 얇기 때문에 공중 습도가 낮으면 잎이 마를 수 있다.

2. 햇빛이 강한 창가는 피하고 분무기로 자주 물을 뿜어준다.

장소 강한 직사광을 피한 반음지

관리 1. 남아프리카가 자생지로 겨울철 온도는 13° 이상으로 유지하는 것이 좋으나 무더위에는 약하므로 한 여름엔 서늘하게 보관하는 것이 좋다.

2. 장시간 물을 주지 않으면 말라 죽기 쉬우므로 주의한다.

3. 잎이 노래지는 경우는 일조량이 부족하거나 상한 경우이다.

싱그러움을 더하는
테이블 야자

실내 식물로 인기가 좋으며 유해가스 제거율이 높은 대표적인 공기정화 식물이다.

특징
1. 작지만 기품 있는 식물로 선반 위에 올려놓기도 한다.
2. 노란색 꽃이 여러 갈래로 갈라져 핀다.

장소 빛이 있는 반그늘

관리
1. 겨울에는 흙이 완전히 마른 뒤에 물을 주도록 한다.
2. 더운 날에는 분무기로 자주 물을 뿜어준다.
3. 반쯤 그늘진 곳에 두는 것이 좋으며, 겨울철에는 10℃ 이상을 유지하도록 한다.
4. 2~3년에 한 번씩 분갈이를 하도록 하며 잎 끝이 갈색으로 변하면 잘라낸다.

옮·겨·심·기

준비물
테이블 야자, 용기, 분갈이 흙,
하이드로 볼, 분무기

화분에서 덜어내어 뿌리에
묻은 흙을 반쯤 털어내고 용
기에 심어준다.

남은 분갈이용 흙으로 채워
주고 하이드로 볼을 얹는다.

화사함을 더하는
파 키 라

이산화탄소 제거 능력이 뛰어나며 이국적인 정취를 풍겨 실내 원예용으로 인기 있는 식물이다.

특징 1. 크고 아름다운 꽃이 피어 감상용으로 좋으며 열매는 식용이 가능하다.

2. 팔손이와 비슷한 이국적 정취의 식물로 원산지에서는 과수로 기른다.

3. 이산화탄소 제거 능력이 뛰어나 아파트의 발코니나 거실에서 키우면 좋다.

장소 햇빛이 잘 드는 양지 또는 반그늘

관리 1. 건조하지 않도록 주의를 기울여야 하며 잎에는 자주 물을 뿜어주어 광택을 유지하도록 한다.

2. 열대 식물이므로 25~30℃를 유지하는 것이 좋으며, 겨울철에는 15℃ 정도로 유지하도록 한다.

3. 5~9월의 성장기에 가지치기를 하면 새순이 돋고 무성해진다.

느낌이 시원한
자메이카

잎이 가늘고 긴 자메이카는 실내에서 잘 자란다.

특징 1. 드라세나 종으로 자바와 거의 흡사하나 가운데 연두빛 줄무늬가 있다.

2. 잎은 광택이 나고 무거운 편으로 병충해도 없고 겨울에도 잘 자라는 편이다.

3. 아열대지방이 원산지인 관엽식물로 관상수로는 고급 종에 속한다.

장소 빛이 잘 드는 반 그늘

관리 1. 꺾꽂이로 번식하는 것이 대부분으로 줄기를 잘라 물이나 흙에 꽂아둔다.

2. 흙이 마르면 물을 듬뿍 주고, 잎 끝엔 분무기로 자주 물을 뿜어준다.

3. 번식이 빨라 밑쪽에서 금방 잎이 자라므로 회생이 불가능한 가지는 잘라낸다.

마음을 안정시켜주는 호접란

특징
1. 분홍색, 흰색 외에 다양한 색의 꽃이 겨울에서 봄 사이에 피지만, 꽃눈이 만들어지는 조건을 알면 1년 내내 꽃을 피우게 할 수 있다.
2. 꽃의 모양이 나비 모양을 닮았다고 하여 호접란이라는 이름이 붙었으며 심비디움과 더불어 국내에서 가장 인기 있는 서양란이다.

장소 직사광선을 피한 반그늘

주의 서양란은 잎이나 뿌리에 수분을 충분히 저장하고 있기 때문에 물을 자주 주지 않도록 한다. 자생지가 동남아인 서양란은 고온다습한 곳에, 깊은 산속이나 음지에서 자라는 동양란은 약간 서늘한 곳을 좋아한다.

옮·겨·심·기

준비물
호접란, 용기, 바크, 하이드로볼, 분무기

관리
1. 주로 그늘에 두어도 되지만 오전 10시까지는 밝은 곳에 햇빛을 보여주도록 한다.
2. 여름엔 물을 3~4일에 한 번 정도 잎과 줄기가 만나는 부분에 물이 고이지 않도록 주의하며 준다.
3. 물이 고이면 곰팡이 번식이 빨라 병충해에 걸릴 수 있으므로 주의한다.
4. 꽃대나 꽃에 직접 물을 뿌리는 것은 꽃을 시들게 하거나 만개하지 못하게 하므로 절대 꽃에는 물이 닿지 않도록 한다.
5. 꽃이 지면 꽃대는 빨리 잘라 주어야 잎이 싱싱하게 잘 자란다.

포트에 있는 호접란을 조심스럽게 빼낸다.

뿌리가 다치지 않도록 주의하며 옮겨 심을 화분으로 옮긴다.

위에 수태나 바크로 덮어준다.

하이드로 볼을 올리고 충분히 물을 준다.

편안한 숙면을 위한

관 음 죽

암모니아 제거 능력 1위, 공기정화 능력 2위로 빛이 들지 않는 실내에서도 잘 자란다.

특징
1. 관음죽은 동양적인 멋이 풍기는 식물로 야자나무 중에서 가장 작은 수종이다.
2. 열대원산의 식물이지만 음지에도 강해 추위에도 비교적 잘 견딘다.
3. 성장기인 5~9월에 영양제를 주고 관리에 신경 쓰면 노란색의 꽃을 볼 수 있다.

장소 빛이 잘 드는 반그늘

관리
1. 배수가 잘 되는 토양에서 키우는 것이 좋으며 수경재배, 지하관수재배도 가능하다.
2. 표면의 흙이 말랐을 때 화분 구멍으로 물이 흘러나올 정도로 흠뻑 주며, 실내 공기가 건조할 경우 하루에 1~2회 정도 분무기로 물을 뿜어준다.
3. 과습이 되면 뿌리가 상하기 쉽고 너무 건조하면 잎이 갈색으로 변하므로 주의한다.

침실의 기능성 식물

염 좌

공기를 정화시키고 마음을 안정시켜 주며 돈나무라고도 불린다.

특징 1. 다육식물은 전반적으로 많은 수분을 함유하고 있으므로 다른 식물에 비해 물을 자주 줄
 필요는 없다.
2. 봄에 작은 별 모양의 흰 꽃이 무수히 피지만 실내에서는 보기 어렵다.

장소 빛이 잘 드는 양지

관리 1. 초가을부터는 물을 조금씩 주는 것이 좋으며, 잎에 주름이 잡힐 무렵 물을 주고, 성장이
 일시 정지하는 여름에는 물을 너무 자주 주면 뿌리가 쉽게 썩을 수 있으므로 주의한다.
2. 꺾꽂이를 하는 경우에는 물에 꽂지 말고 배수가 잘 되는 흙에 꽂아서 간혹 물을 주는 것
 이 좋다.

공기정화의 필수 식물
산세베리아

가장 주목받는 공기정화 식물로 관리가 쉬워 어느 곳에서나 쉽게 키울 수가 있다.

특징
1. 향기가 좋은 초록색 또는 흰색의 꽃이 피지만 끈적끈적한 액체 분비물이 나오므로 제거하는 것이 좋다.
2. 병충해에도 강한 저항력을 가지고 있으며, 음이온 방출 효과가 탁월하고 전자파 차단 효과와 함께 야간에 산소를 발생하는 특성을 가지고 있다.

장소 빛이 잘 드는 건조하고 따뜻한 곳

관리
1. 넓고 평평한 화기를 사용하는 것이 좋으며 새끼 화초를 뽑아 옮겨 심으면 잘 번식한다.
2. 다육식물로 잎 자체에 충분한 수분을 함유하고 있으므로 물을 자주 주지 않는다.
3. 물은 여름철에는 흙 전체가 마르기 시작할 때 흠뻑 주고, 겨울철엔 흙 전체가 다 말랐을 때 물을 준다.

옮·겨·심·기

준비물
산세베리아, 용기, 분갈이 흙,
하이드로 볼, 분무기

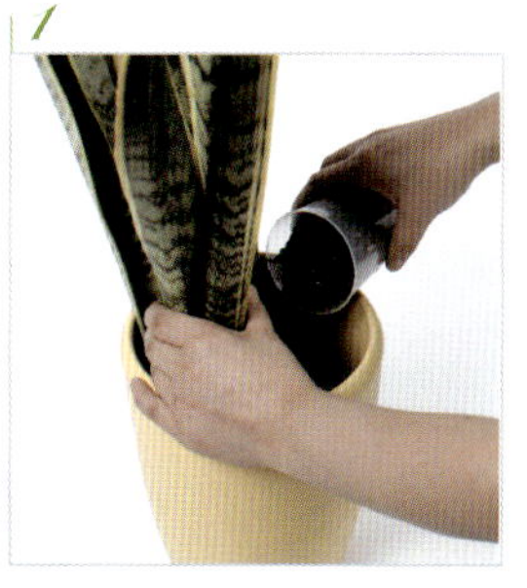

포트에 담겨진 산세베리아를
흙과 함께 쏟아낸다.

분갈이용 흙으로 채우고 그
위에 하이드로 볼을 채워준다.

뚝배기 가득 허브 향

레몬 밤

쓰지 않는 그릇에 레몬 밤을 심으면 어디서도 볼 수 없는 예쁜 소품으로 변신한다.

특징
1. 예로부터 방향요법으로 사용되던 것으로 레몬과 유사한 향이 마음을 편안하게 진정시켜 주며 심장박동수와 혈압을 낮춰 준다.
2. 독거미의 해독 작용이 있고 설사를 완화시키며 바이러스를 막는 데 효과가 있다.
3. 잎과 가지에서 추출한 기름은 탈모방지제, 목욕제 등으로 이용된다.
4. 차는 진정·건위·강장·신경 고양 등에 효능이 있으며 마시면 기분이 상쾌해진다.

장소 빛이 드는 반그늘

관리
1. 햇빛이 잘 드는 창 쪽에 두고 윗 흙이 말랐을 때 물을 주고 봄가을로 비료를 준다.
2. 더위에 강하고 병충해가 없어 비교적 키우기 쉽다.
3. 씨앗 뿌리기, 꺾꽂이, 포기 나누기로 번식 가능하다.

상쾌한 향을 집안 가득
로즈마리

강한 향기와 살균력으로 살충제 겸 방향제로 쓰이며 기억력 향상에 도움이 된다.

특징
1. 각종 육류 요리 시 고기 냄새를 없애는 데 많이 사용한다.
2. 빈혈, 혈중 콜레스테롤 저하, 저혈압, 변비, 불면증, 방광염 치료 등에 좋다.
3. 다른 허브는 잎을 비벼줘야 하나 로즈마리는 그냥 두기만 해도 향을 내뿜는다.

장소
빛이 잘 드는 밝은 곳

관리
1. 하루 4시간 이상 햇빛이 들고 통풍이 잘 되는 곳에 둔다.
2. 건조한 상태를 좋아하므로 물은 겉흙이 말랐을 때만 준다.
3. 분갈이를 싫어하므로 처음부터 지름 20cm 이상의 큰 화분에서 키운다.
4. 진딧물이나 벌레가 생겼을 때 식초나 우유를 조금 뿌려주면 된다.

작은 양동이 속의 화사함
부 용

음이온을 발생함은 물론, 전자파 차단 기능이 있어 전자제품 주위에 두면 좋다.

다육식물의 특징

1. 건조한 환경에서 자신의 줄기나 잎에 수분을 저장해 두었다가 이를 이용해 살아간다.
2. 세계적으로 1만여 종이 넘을 정도로 그 종류가 다양하다.

장소 햇빛이 잘 들고 통풍이 잘 되는 곳

다육식물의 관리

1. 습하지 않게 관리하고 자주 환기시킨다.
2. 햇빛이 강한 곳에서 잘 자라므로 집안에서는 빛이 많은 베란다나 창가에 둔다.
3. 흙은 물 빠짐이 잘 되어야 하고 수분을 증발시키는 토분에서 기른다.

다육식물로 꾸미는 인테리어

디시가든

여러 가지 생활 용기에 식물을 채우면 독특한 멋을 감상할 수 있고 좁은 공간 장식에 좋다.

특징 1. 높이가 낮고 색깔이 지나치게 강렬하지 않으면 거의 모든 일상 생활용품에 꾸밀 수 있다.
2. 테라리움용 식물과 비슷하게 사용되지만 이보다는 선택 범위가 넓다.
3. 배수공이 없으므로 습기에 강한 식물을 선택하는 것이 좋으며, 작은 용기에 식재하는 경우엔 뿌리의 발달이 왕성하지 않는 것으로 고른다.

장소 바위 솔, 부용, 호야, 칼랑코에

관리 1. 토양의 질감이나 색에는 크게 영향을 받지 않지만 악취가 없고 깨끗이 소독된 토양을 사용한다.
2. 햇빛이나 온도, 수분에 대한 요구 조건이 비슷한 식물끼리 심는 것이 좋다.
3. 가능하면 햇빛을 볼 수 있게 둔다.
4. 흙이 말랐을 때 물을 준다. 흙이 흘러내리지 않게 기울여서 물이 빠지게 하거나 흡습지로 수분을 빨아들이도록 한다.

만·들·기

1. 넓으면서 깊이가 있는 그릇을 준비한다.

2. 바닥에 작은 하이드로 볼을 깔아준 다음 그 위에 모래를 깔아준다.

3. 키가 큰 부용을 중심으로 칼랑코에, 호야, 바위솔을 어울리도록 배치하여 심는다.

4. 흙으로 덮고 이끼로 마무리해 준다.

빛을 좋아하는 정도에 따른 식물 분류

약한 빛에서 잘 자라는 화초	넉줄고사리, 네프로네피스, 대곡도, 대나무야자, 덩굴싱고니움, 동양란, 디펜바키아, 보스톤, 산세베리아, 샐럼, 셀라지넬라, 스킨답서스, 스파트필름, 시서스, 싱고니움, 아글라오네마, 아디안텀, 아나나스, 아스파라거스, 아스플레니움, 아프리칸바이올렛, 엘레강스야자, 엽란, 칼라테아, 페페로미아, 필레아, 필로덴드론, 하트덩굴, 행운목, 호야
직사광선이 닿지 않는 밝은 장소에서 잘 자라는 화초	글록시니아, 나비란, 넉줄고사리, 네프로네피스, 대곡도, 덩굴싱고니움, 드라세나, 디펜바키아, 아마란타, 마지나타, 몬스테라, 브로멜리아드, 스킨답서스, 시서스, 아디안텀, 아이비, 아스파라거스, 아펠란드라, 알로카리아, 에크메아, 에스키난데스, 와네끼, 인도고무나무, 칼라테아, 페페로미아, 폴리샤스, 필로덴드론, 행운목, 호야, 홍콩야자
빛이 직접 닿지 않는 밝은 장소 또는 적응시키기에 따라 빛에서도 잘 자라는 화초	게발선인장, 겐짜야자, 고드세피아나, 관음죽, 구근베고니아, 글록시니아, 나비란, 대나무야자, 대만고무나무, 드라세나, 디지고데카, 디펜바키아, 떡갈잎고무나무, 러브체인, 렉스베고니아, 마고야나, 마란타, 마상게나, 마지나타, 몬스테라, 박쥐란, 벤자민, 보스톤, 봉의꼬리, 산세베리아, 세이프리즈야자, 스킨답서스, 스파트필름, 시서스, 시클라멘, 싱고니움, 아글레오네마, 아랄리아, 아레카야자, 아디안텀, 아스파라거스, 아스플레니움, 아프리칸바이올렛, 안스리움, 알로카리아, 아이비, 엘레강스야자, 엽란, 와네끼, 인도고무나무, 인시그니스, 잎베고니아, 줄무늬달개비, 칼랑코에, 칼라듐, 칼라테아, 코딜라인, 콩란, 크로톤, 트라데스겐차, 파키라, 포인세치아, 폴리샤스, 필로덴드론, 필레아, 피닉스야자, 하트덩굴, 혜고목, 헤데라, 홍콩야자
강한 빛에서 잘 자라는 화초	게발선인장, 가지마루, 국화, 귤나무, 깅깡나무, 고드세피아나, 꽃기린, 꽃베고니아, 나비란, 다육식물, 대나무, 도꾸리란, 디지고데카, 라벤다, 레몬나무, 로즈마리, 만리향, 멕시코소철, 미니장미, 세네라리아, 바위솔, 분재, 소철, 선인장, 세덤, 수국, 수련, 아잘레아, 아랄리아, 알로에, 알로카리아, 알뿌리화초, 연, 연산홍, 오죽, 용설란, 오렌지나무, 유카, 유포비아, 제라늄, 제이드플랜트, 종려야자, 치자나무, 카네이션, 코코넛야자, 콜레우스, 크로톤, 판다고무나무, 포인세치아, 피닉스야자, 황금죽, 홍콩야자, 히비스커스

습기를 좋아하는 정도에 따른 식물 분류

과습한 것을 싫어하는 화초	게발선인장, 다육식물류, 디펜바키아, 라벤다, 로즈마리, 산세베리아, 선인장류, 시서스, 알로에, 제라늄, 칼랑코에, 콜레우스, 크로톤, 타임, 페페로미아, 하트덩굴, 호야, 홍콩야자
습도가 높은 것을 좋아하는 화초	관음죽, 골드크레스트, 나비란, 네프로네피스, 대나무, 대만고무나무, 렉스베고니아, 마란타, 마지나타, 목향나무, 벤자민, 수국, 시서스, 싱고니움, 아글라오네마, 아나나스, 아디안텀, 아레카야자, 아펠란드라, 안스리움, 오죽, 와네끼, 청목, 치자나무, 칼라데아, 칼라듐, 콜레우스, 피닉스야자, 피토니아, 필레아, 필로덴드론, 하이포에스테스, 혜고목

원산지에 따른 식물 분류

한국 · 일본 · 중국남부	관음죽, 국화, 나리, 남천, 네프로네피스, 대나무, 만량금, 백량금, 비로야자, 석죽, 소철, 아이비, 아잘레아, 애란, 엽란, 오죽, 옥잠화, 종려죽, 종려야자, 천량금, 청목, 치자, 팔손이나무, 푸밀라고무나무, 프리뮬러, 피닉스야자, 홍콩야자
동남아시아	공작야자, 네펜데스, 렉스베고니아, 맨드라미, 반다, 스킨답서스, 아글레오네마, 아디안텀, 알로카시아, 에스키난데스, 옥시카다움, 익소라, 인도고무나무, 콜레우스, 크로톤, 트리초스, 팔레노프시스, 몰리새스, 프테리스, 피닉스야자, 하트덩굴
아프리카	거베라, 고드세피아나, 군자란, 글라디올러스, 나비란, 뉴기니아, 드라세나, 떡갈잎고무나무, 로벨리아, 마가렛, 마지나타, 바이올렛, 산세베리아, 사이프러스, 서양채송화, 시네라리아, 아레카야자, 아스파라거스, 아이비, 아프리카봉선화, 아프리칸바이올렛, 알로에, 와네끼, 임파챈스, 접란, 제라늄, 칼랑코에, 칼라, 크로로덴드롱, 트리칼라, 페라고니움, 프리지아, 행운목
북아메리카	골드크레스트, 란타나, 사라세니아, 스파트필름, 유카, 율마, 코코넛야자
중앙아메리카	구즈마니아, 꽃베고니아, 꽃잔디, 네프로네피스, 디펜바키아, 미란타, 메리골드, 몬스테라, 백일홍, 싱고니움, 아게라텀, 아디안텀, 아마릴리스, 아펠란드라, 안스리움, 온시디움, 용설란, 유카, 일일초, 칼랑코에, 카틀레야, 칼라디움, 파키라, 페추니아, 페페로미아, 포인세치아, 한련화, 후쿠샤
남아메리카	미란타, 베고니아, 아나나스, 헬리오트러프, 글록시니아, 페추니아, 카틀레야, 부겐베리 등
유럽	금잔화, 데이지, 라넌큘러스, 수선화, 스위티피, 스토크, 시클라멘, 아네모네, 아이비, 카네이션, 프리뮬러, 팬지
오스트레일리아	겐짜야자, 네프로네피스, 박쥐란, 시서스, 알로카리아

월동 온도에 따른 식물 분류

5℃ 정도	골드크레스트, 남천, 대나무, 동백, 만량금, 백량금, 소철, 아이비, 아잘레아, 애란, 엽란, 오죽, 유카, 율마, 종려죽, 천량금, 철죽, 청목, 팔손이나무
5~10℃ 정도	고무나무, 군자란, 나비란, 대나무야자, 떡갈잎고무나무, 비로야자, 목향, 문주란, 소철, 싱고니움, 아나나스, 아마릴리스, 아잘레아, 알로카리아, 엽란, 워싱턴야자, 종려나무, 팔손이나무, 접란, 제라늄, 치자나무, 칼라, 파초, 프테리스, 헤데라, 홍콩야자
10~15℃ 정도	극락조화, 네프로네피스, 덴파레, 드라세나, 마란타, 마지나타, 몬스테라, 박쥐란, 산세베리아, 스파트필름, 아글레오네마, 아레카야자, 아스파라거스, 알로카리아, 옥시카다움, 카틀레야, 코코넛야자, 클로로덴드롱, 판다누스, 포인세치아, 피닉스야자, 하트덩굴, 호야
15℃ 이상	겐짜야자, 고드세피아나, 공작야자, 네펜데스, 디펜바키아, 마란타, 베고니아, 아레카야자, 안스리움, 알로카시아, 익소란, 산데리아나, 스킨답서스, 크로톤, 파키라, 피토니아, 페페로미아, 폴리샤스, 필로덴드론, 행운목, 흰줄무늬달개비

벌레잡이 식물 · 벌레잡이 식물은 관상용뿐 아니라 교육용으로도 아주 좋은 식물이다. 벌레를 먹는다고해서 꼭 벌레만을 고집할 필요는 없다. 물과 햇빛으로도 잘 자라며 벌레를 주면 영향 흡수에 도움이 되어 더 잘 자란다.

허브 · 라틴어의 '푸른 풀'에서 유래된 허브는 오늘날 식품과 음료 외에 향수, 화장, 세정, 건강증진제 등 그 사용 범위가 넓다. 서양에서는 예전부터 허브의 약효, 종교 예식에서의 활용, 향치료에 대한 전설 등이 알려져 왔다. 이러한 사실들이 과학적으로도 증명이 되면서 허브에 대한 관심이 새롭게 되살아나고 있다.

인테리어 소품 · 오래되어 쓰지 않는 그릇이나, 선물로 받은 바구니 등 생활 속 각종 용품들을 이용하면 세상에 하나밖에 없는 특별한 소품을 만들 수 있다. 식물을 이용한 앙증맞고 귀여운 인테리어 소품들이 생활에 작은 활력소가 될 것이다.

모아심기 · 같은 특성을 가진 식물들을 모아 심어 집안의 인테리어 소품으로 활용해 보자. 전문가가 아니더라도 여러 가지 식물들을 직접 심음으로써 성취감을 느낄 수 있다.

식물포장 / 아이디어 소품 · 작은 아이디어에 정성을 더해 세상에 하나뿐인 특별한 선물, 색다른 인테리어 소품을 만들어 보자. 식물을 더욱 아름답고 멋스럽게 즐길 수 있는 방법이 된다.

깔끔한 우리 집 미니정원 · 조경박스에 식물을 모아 하이드로 볼로 채운다. 흙에서 생기는 각종 벌레가 생기지 않아 깔끔하게 식물을 기를 수 있다.

Part 02

" 이런 식물 이렇게도 꾸며봐요 "

관찰력 있는 아이로 키우는
긴잎 끈끈이주걱

끈끈이주걱을 이용해 벌레를 잡는 종으로 주로 습지에서 자란다.

특징 1. 잎의 가장자리 안쪽에 털이 많이 나 있고, 그 털끝에서 끈적끈적한 액이 많이 나온다.

2. 꽃과 열매가 많아 벌레를 유인하기에 유리한 성질을 가지고 있다.

3. 잡은 벌레 중에 먹을 수 있는지 없는지 구별하는 능력이 있다.

관리 1. 따뜻하고 습한 장소를 좋아한다.

2. 습지에서 자라는 식물이기 때문에 저면관수 방법으로 키우는 것이 좋다.

3. 물을 위에서 뿌리면 이슬이 씻길 뿐 아니라 관상 가치까지 떨어지므로 주의한다.

4. 물은 일주일에 한 번 정도 갈아주면 된다.

벌레 포획방법

날파리나 모기 같은 약한 곤충은 잎에 붙인 채 소화시키고, 덩치가 크고 힘이 있는 곤충은 잎으로 휘감아 소화시킨다.

벌레잡이 제비꽃

키우기 쉬워 가장 많이 기르는 벌레잡이 식물이다.

특징 1. 높이 5~15cm, 뿌리로 번식하기 때문에 번식력이 좋다.

2. 열대 지역을 포함해 전세계적으로 약 50여 종 분포한다.

3. 여름과 겨울에 잎이 각각 다른 형태로 나타난다.

관리 1. 여름엔 물 대신 개미나 모기를 주고 겨울엔 물을 흠뻑 준다.

2. 끈끈이주걱 잎 부분에 물이 묻으면 점액이 젖어 벌레를 잡을 수가 없으므로 여름엔 될 수 있으면 벌레를 잡아주어야 한다.

벌레 포획방법

곰팡이 냄새로 먹이를 유인해 끈끈한 점액이 있는 잎에 앉으면 잡아 먹는다.

벌레잡는 모습이 신기한

파리지옥

벌레잡는 모습을 눈으로 확인할 수 있어 교재용 또는 관상용으로 재배한다.

특징
1. 20~30cm 정도의 높이로 비늘줄기처럼 생긴 뿌리줄기가 곧게 자란다.
2. 6월에 흰색의 꽃이 꽃줄기 끝부분에 10개 정도 달린다.

관리
1. 적당한 빛과 습도가 있는 곳에서 키우는 것이 좋다.
2. 최소 3개월 동안은 동면시키는 것이 좋으며 꽃대가 2cm 정도일 때 잘라내어 건강을 유
   지시키는 것이 좋다.

벌레 포획방법

트랩 안에 6개의 감각모 중 어느 것이라도 건드리면 트랩이 움직여 닫힌다. 몇 시간 후 트랩이 완전
히 밀폐되면 소화효소를 분비해 영양분을 흡수한다.

벌레잡이 통이 재미있는
네펜데스

벌레잡이 통을 가진 종으로 주로 온실에서 관상용으로 키운다.

특징
1. 잎은 잎자루 · 잎몸 · 덩굴 · 벌레잡이 주머니로 이루어지는데, 잎은 어긋나고 타원형이며 길이는 10~15cm 정도 자란다.
2. 통의 크기와 형태, 색깔 및 무늬에 따라서 종류를 구별한다.
3. 땅 위에 줄기를 뻗거나 큰 나무에 엉켜붙는 등 자라는 형태가 다양하다.

관리
1. 5~9월에는 겉흙이 건조하면 바로 물을 준다.
2. 여름철엔 아침, 저녁 2회에 걸쳐 주는 것이 좋으며 분무기로 물을 자주 뿜어주어 습도를 유지한다.
3. 줄기가 길게 자라면 포충 주머니가 적게 달리기 때문에 생장기에 5~6마디를 남기고 잘라주는 것이 좋다.

벌레 포획방법
뚜껑과 입구의 꽃샘에서 벌레를 유인해 통속으로 떨어뜨려 소화액을 분비한다.

오래된 그릇에 향긋함이
라 벤 더

오래된 밥그릇에 라벤더를 심어두면 잊었던 추억이 되살아난다.

특징 1. 허브류 중 가장 인기 있는 품종으로 지중해 연안이 원산지이며 향의 여왕이라고도 한다.

2. 특유의 향으로 청결과 순수함의 상징으로 꼽히는데 꽃이 피기 직전이 가장 아름답다.

3. 건조한 꽃은 피로회복에 좋으므로 욕조에 라벤더 오일을 넣어 목욕을 즐기면 좋다.

4. 신경성 두통에 효과가 있고, 농축액은 살균·소독의 효과가 있어 모든 외상에 사용된다.

장소 빛이 잘 들고 통풍이 좋은 곳

관리 1. 허브류 중에서 가장 재배가 까다롭다.

2. 여름의 더위와 습기를 싫어하고, 석회질 토양을 좋아하므로 배수와 통기에 유의한다.

3. 봄,가을에 파종, 꺾꽂이, 포기 나누기로 증식할 수 있다.

허브 이렇게 해보는 건 어때요?

무언가 신비한 느낌을 주는 허브는 관상용은 물론 잎이나 줄기 종자를 요리에 사용하면 향신 채소로 이용되며, 오일, 식초, 와인 등의 기호성 식품이나 마사지용 오일, 향신료 등 쓰임에 따라 얼마든지 달라질 수 있는 다용도 식물이다.

허브의 식생활 활용

요리

허브는 미각을 즐겁게 하고 메뉴를 다채롭게 해 줄 뿐 아니라 식욕을 자극하고 소화를 촉진시키는 식물이다. 소화, 수렴, 이뇨, 살균, 항균작용 능력이 있어 식이요법을 겸하는 경우가 많다. 허브류의 성분은 착색작용·방부작용과 산화방지·소화흡수·노화방지 등의 신진대사에 좋은 기능이 있어 소취제·부향제·향신료로 다양한 요리에 쓰인다.

허브차

동서양을 막론하고 가장 널리 음용되는 음료가 바로 차(tea)이다. 그 중에서 허브차는 가장 손쉽고 보편적으로 이용되는 허브 이용법이다. 치료를 겸한 예방의 효용이 있으며 카페인이 없는 알칼리성 식품이다. 긴장 완화와 피로회복, 스트레스에 따른 제반 증상을 조절·완화하는 효과가 있다. 이렇게 허브차의 약리 효과는 다양하지만 공통점으로는 항산화작용을 한다는 것이다. 노화의 원인이 되는 활성산소를 무독화하는 성분이 많이 함유되어 있기 때문에 꾸준히 음용할 경우 생기 있는 삶을 즐길 수 있다.

허브와인

술에 허브를 담가 성분을 침출시킨 술로 1~2주일 정도 지난 후 걸러내어 마신다. 알코올 성분으로 인해 흡수가 빠르고 장기간 보존이 가능하다. 알코올은 허브의 기름에 녹는 성분을 효과적으로 추출하기 때문에 약리 효과를 높일 수 있으며 체내 흡수가 빨라 소량으로도 효과가 있다. 취침 전에 마시면 편안한 잠을 이룰 수 있고, 식사 전후에 소화 흡수를 위해 이용하기도 한다.

허브오일

허브 오일을 만드는 데 쓰이는 기름은 올리브유, 참기름, 잇꽃기름, 샐러드 기름 등이 있다. 이들 기름에 허브를 재어 드레싱 오일로 이용하며 소테에 쓰면 색다른 풍미를 느낄 수 있다. 공기에 노출되지 않도록 푹 재어 2주일 정도 따뜻한 곳에 두었다 걸러낸다. 향이 우러난 다음엔 반드시 허브를 꺼내 버린다. 한국음식이나 중국음식에는 참기름에 차이브스 · 마늘 · 코리안다 등을 넣은 오일을 사용하고, 이탈리아 요리에는 올리브 기름에 바실 · 고추 · 마늘 · 후추 · 타임 · 로즈마리 등으로 만들어 사용한다.

허브 비네거

신선한 허브를 식초에 담가 색과 향이 다른 식초를 허브 비네거라 한다. 허브 오일을 만드는 요령과 동일하나 산화 방지를 위해 금속 제품의 뚜껑은 피한다. 소스에 넣으면 보존 식품의 풍미를 유지하는 데 효과적이고, 계란을 섞어 마요네즈로 만들거나 식초나 레몬즙의 대용으로 쓸 수 있다. 뿐만 아니라 생선이나 고기를 삶을 때 넣으면 잡냄새가 없어지고 맛이 좋아진다.

피로를 풀어주는
레몬 밤

향기로 가득히
로즈마리

포푸리

포푸리는 좋은 향기가 오래도록 풍기게 하기 위하여 만들어진 공기정화 방법이다. 향기 강한 허브의 꽃과 잎 등을 바짝 말려 보유제와 섞은 후 밀폐용기에 넣고 2~3주 숙성시킨 후 사용한다. 포푸리가 습해졌을 때는 다시 건조시켜 에센셜 오일을 2~3방울 떨어뜨려 고루 섞은 다음 사용한다. 향기를 오래도록 보존할 수 있는 장점이 있으며, 은은한 향이 정신안정 효과도 있다.

필로(허브쿠션)

15~20cm의 허브 주머니를 만들어 베개 밑에 넣거나 머리맡에 두고 자면 안면효과가 있다. 오래 병을 앓은 사람에게 증상에 맞는 허브를 골라 필로를 만들어 주면 환자 특유의 쾌쾌한 냄새를 없애줄 뿐 아니라 기분전환에도 도움이 된다. 데코레이션을 겸해 침대 머리맡에 걸어 둘 수도 있는데, 이 때 라벤더나 케모마일, 로즈마리 등의 재료를 이용하면 최면과 가벼운 마취 작용이 있어 불면증에 시달리는 사람에게 좋은 슬립 필로(slip pillow)가 될 수 있다.

•••••••••• **허브를 이용한 실내 인테리어**

거실 및 현관

1. 투명한 볼에 물을 담고 작은 양초와 허브 잎을 띄워 오붓한 분위기를 연출할 수 있다.
2. 벽면에 액자틀을 만들어 화분을 놓아 장식하거나 현관 입구에 미니 허브 화단을 만들어 본다.
3. 로즈마리·라벤더·파인애플 세이지를 조금씩 따서 투명한 유리 볼에 담가 침대 옆 사이드 테이블에 올려 둔다. 자는 동안 은은한 향이 퍼져 하루 동안의 피로가 풀리고 머릿속이 맑아지는 것을 느낄 수 있다.

주방

1. 소화나 감기에 좋은 페퍼민트를 흰색과 연두색 매트에 깔고 그 위에 장식한다.
2. 시원하고 청결한 느낌의 민트류를 넣은 투명 볼을 이용하여 미니 화분을 만든다.
3. 향과 함께 식용으로 사용할 수 있는 허브류를 주방의 창가에서 키운다.

생활 용품을 활용한 허브 미니 정원 꾸미기

1. 작은 과일 상자에 키가 큰 허브를 중심으로 배치하고 나머지 다른 허브들을 어울리게 꾸며 베란다 창문 앞에 둔다.

2. 물이 새지 않도록 바구니 바닥에 비닐을 깔고 여러 가지 허브들을 보기 좋게 담아 거실 한쪽에 두면 한결 운치 있는 실내 분위기를 연출할 수 있다.

3. 우유팩을 깨끗이 씻어 말린 후 골판지와 각종 포장지 레이스를 이용해 예쁘게 꾸며준다. 송곳으로 물 빠짐 구멍을 만들고 작은 허브 모종을 넣어 주방 창가 쪽에 두면 한결 화사한 분위기의 주방이 된다.

허브 모아심기

서로 다른 종류의 허브를 한 곳에 모아 심어 더욱 풍성하고 향기로운 허브 밭을 꾸며 본다. 잎자가 풍성한 것들끼리 모아 심으면 보기에도 풍성해 보인다.

준비물
파인애플민트, 커리플랜트, 레몬 버베나, 스피아민트, 로즈마리, 마리노라벤더, 화기, 배양토, 꽃삽

1. 배수 처리 후 포트에서 마리노 라벤더를 흙 채 덜어내 자리를 잡아준다.

2. 스피아민트를 흙과 함께 덜어내어 마리노 라벤더 옆에 구성한다.

3. 나머지 허브들은 서로 잘 어울리게 구성하여 심어준다.

4. 배양토를 채우고 잘 다져준다.

유리화기를 이용한
디시가든 1

집안 어디에 놓아도 예쁜 인테리어 소품으로 착용할 수 있다.

만·들·기

준비물

네프로네피스, 싱고니움, 무늬
왕모람, 셀란, 유리화기, 하이
드로 볼, 자갈, 조개껍데기,
장식용 나비

디시가든

각종 생활용품을 이용해 작은 정원을 꾸며 자연을 좀더 가까이 느
낄 수 있는 원예의 한 방법이다.

용기

접시류, 받침류 등 일상생활에서 쓰이는 것은 모두 괜찮으나 높이
가 낮고 색이 지나치게 화려한 색은 피하는 것이 좋다.

식물 종류

테라리움 식물과 비슷하지만 선택의 범위가 넓다. 단, 배수공이 없
는 경우 습기에 강한 식물로 꾸미는 것이 좋으며 작은 잔에 심을 때
는 뿌리의 발달이 왕성하지 않은 것으로 한다.

1

화기 바닥에 하이드로 볼을
깐다.

2

키가 큰 네프로네피스를 중
앙에 세워 중심을 잡아주고
싱고니움을 앞쪽에 배치한다.

3

양쪽으로 무늬 왕모람을 심
는다.

4

뒤쪽으로 셀란을 심고 하이
드로 볼을 채운 다음 자갈,
조개껍데기, 장식용 나비인형
으로 꾸며준다.

항아리 뚜껑을 이용한
디시가든 2

전자파 차단 기능이 있는 다육식물끼리 모아 전자제품 주위에 놓아두면 좋다.

만·들·기

준비물
청기린, 칼랑코에, 자갈, 하이
드로 볼, 흰돌, 항아리 뚜껑

디시가든의 특징

1. 여러 가지 모양의 각종 생활 용기에 흙을 채우고 식물을 심어 감상하는 것으로 제작의 편리성과 공간 장식의 활용성이 뛰어나다.

2. 같은 종류의 식물로 모아 꾸며야 관리가 용이하다.

3. 화기의 특성상 많은 양의 물을 넣을 수 없기 때문에 물을 오래 머금고 있는 흙을 사용하는 것이 좋다.

항아리 뚜껑 가운데를 콘크리트 드릴로 뚫어 물빠짐 구멍을 만든다.

청기린으로 위치를 잡아준다.

칼랑코에를 청기린 양쪽으로 배치한다.

흰돌과 자갈을 깔아 마무리한다.

미니 식물들을 한자리에
모아심기

한 곳에 여러 식물을 모아 심으면 나만의 개성에 꼭 맞는 작은 정원을 꾸밀 수 있다.

만·들·기

준비물

숯, 아이비, 히포스테스, 싱고니움, 무늬 왕모람, 글루건, 드릴

특징

서로 어울리는 식물과 같은 생육 환경, 비슷한 성격의 식물들을 심어야 관리가 편리하다.

배치요령

1. 키큰 식물＋키작은 식물 : 대형 식물 아래로 소형 식물을 심어 볼륨감을 만들어준다.

2. 키큰 식물＋덩굴 식물 : 위, 아래를 대칭으로 연출해 리듬감을 나타낸다.

3. 민무늬잎＋무늬잎 : 각기 무늬가 다른 한 종류의 식물을 심어 감각있게 연출한다.

4. 넓은잎 식물＋작은잎 식물 : 강약을 주면서 식물을 배치해 생동감을 표현한다.

1

물빠짐 구멍을 만들고 숯의 위치를 잡아 고정시킨다.

2

히포스테스를 숯 앞쪽에 놓는다.

3

무늬 왕모람과 싱고니움을 히포스테스 옆에 배치한다.

4

흙을 골고루 깔고 하이드로 볼을 넣어 다진 다음 이끼로 덮는다.

작고 예쁜 나만의 정원
미니 가든

예쁜 바스켓이나 나무 상자에 담아 꾸미면 손쉽게 나만의 예쁜 정원을 만들 수 있다.

만·들·기

준비물
네프로네피스, 아펠란드라, 무늬 왕모람, 테이블 야자, 칼랑코에

원예활동을 위한 도구

가위 딱딱한 나뭇가지를 자를 때 사용하는 진정가위와 두껍지 않은 식물 줄기나 꽃줄기를 자를 때 사용하는 꽃가위가 있다.

꽃삽 분갈이에 필요한 도구로 손잡이 부분이 튼튼한 것을 선택한다.

분무기 압축식 분무기 – 분사 입자가 고와 식물 잎이나 식물 주변에 물을 뿌릴 때 사용한다.

핸드 스프레이 액체용 약제를 뿌릴 때 용이하다.

네프로네피스를 바스켓 가운데에 자리 잡는다.

칼랑코에, 아이비, 아펠란드라를 서로 어울리도록 구성한다.

테이블 야자를 사이에 놓고 장식용 나비와 새를 이용하여 꾸며준다.

완성된 모습

우리 집 인테리어를 책임지는

미니 정원

미니 조경박스

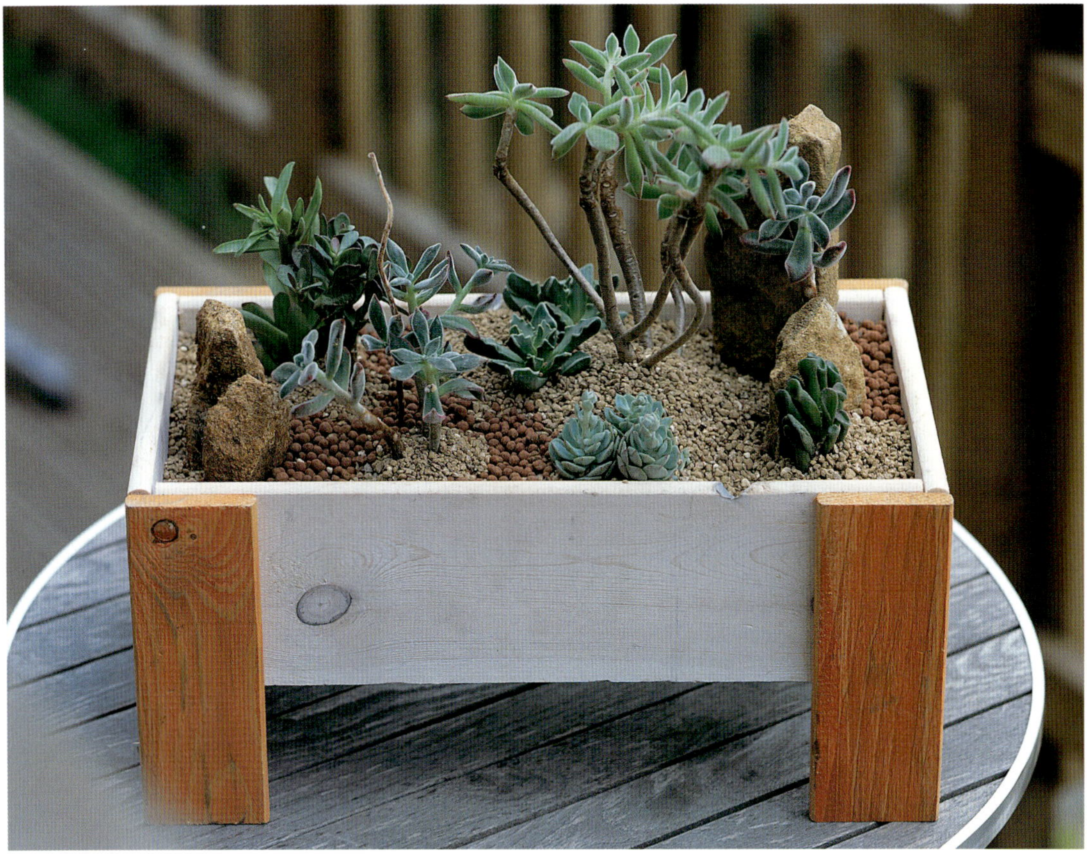

만·들·기

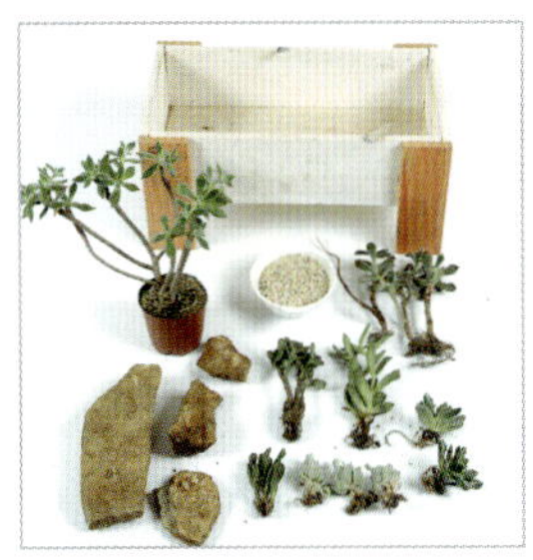

준비물

부용, 월토이, 흑괴리, 장군, 돌, 흰돌

1

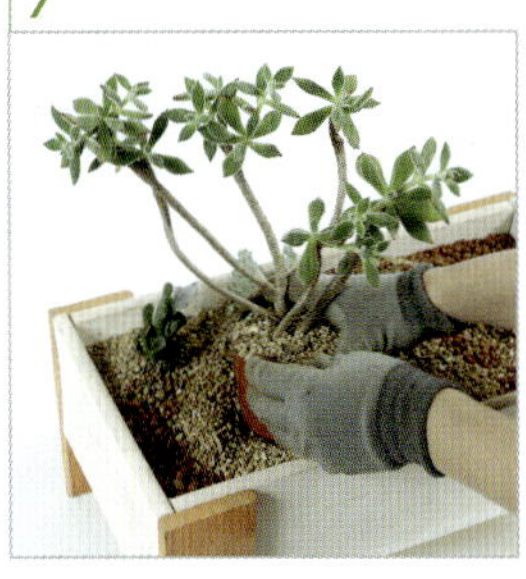

모래알을 먼저 박스에 2/3쯤 덮어 준 다음 부용을 포트째 그대로 묻는다.

2

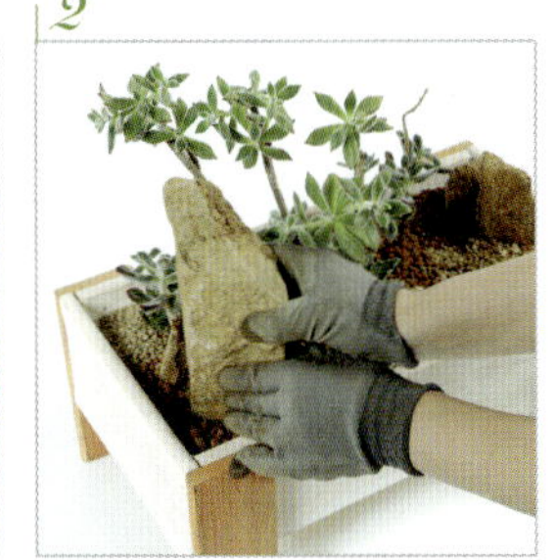

월토이를 그 옆에 심어 준 다음 큰 돌과 작은 돌을 양쪽으로 균형이 맞게 세워준다.

3

장군을 바깥쪽으로 심고 키가 작은 것들로 채워준다.

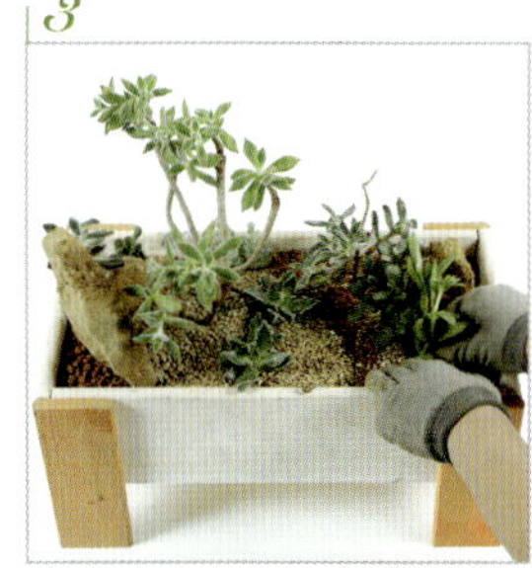

원목이 어울리는
조경박스

공기정화에 좋은 기능성
식물로만 모아 작은 정원
처럼 꾸민다. 바퀴가 있
어 집안 곳곳에서 움직일
수 있다.

만·들·기

준비물

조경 박스, 벤자민, 행운목,
남천, 인도고무나무, 산세베
리아, 하이드로 볼

1

먼저 남천을 조경박스에 놓
는다.

2

행운목을 반대편에 공간을
두고 놓는다.

3

행운목 아래에 인도고무나무
와 산세베리아를 양옆 끝에
놓는다.

4

제라늄. 라벤더 등 미니 포트
를 앞줄에 놓고 하이드로 볼
로 채워준다.

기능성 식물만
모아 만든
조경박스

준비물

조경박스, 유카, 싱고니움, 마
리안느, 벤자민, 맨드라미, 하
이드로 볼

1

유카와 마리안느를 양쪽에
균형있게 놓는다.

2

벤자민과 싱고니움을 양쪽
끝에 오게 한다.

3

하이드로 볼을 채워넣는다.

4

맨드라미를 빈 공간에 넣어
정원의 화사함을 준다.

키가 작은
식물로만 만든
미니정원

만·들·기

준비물
조경 박스, 싱고니움 2개, 디
펜바키아, 하이드로 볼

싱고니움을 양쪽에 놓는다.

키 큰 디펜바키아를 중앙에
놓는다.

하이드로 볼을 박스 안에 채
운다.

빈 공간에 페페로미아를 놓
는다.

만·들·기

준비물
조경 박스, 행운목, 인도고무
나무, 칼라디움

박스에 행운목을 넣는다.

아래에 작은 고무나무를 놓
는다.

칼라디움을 고무나무 옆으로
놓아 아기자기하게 꾸며본다.

하이드로 볼을 채운다.

집안의 어느곳이든 둘 수 있는 편리한 조경박스

재료 자마이카, 홍콩야자, 스파트 필름, 맨드라미

특징 공기정화 작용과 증산 작용이 뛰어난 식물들로 집안 어느 곳에 두어도 좋다.

관리 박스 안에 수위계를 확인하고 물이 부족할 때만 채워준다.

원목으로 꾸며 본 조경박스

 싱고니움, 유카, 임페리얼그린

 싱고니움은 가정에서 기르기 편리하며, 공기정화 능력과 VDT증후군이 뛰어나 집안 어느 곳에 두어도 좋다.

 하이드로 볼로 조경 박스를 할 경우 특별하게 따로 관리하지 않아도 물의 공급이 원활 한지를 수위계를 통해 한눈에 볼 수 있어 편리하다.

시원한 숲의 느낌을 그대로 꾸며본 조경박스

재료 홍콩대엽, 유카, 마리안느, 산호수, 마지나타

특징 홍콩대엽이 주는 시원함도 있지만 집안의 공기를 원활하게 해 주는 공기정화 작용이 뛰어난 식물이다. 산호수 또한 냄새제거 능력이 뛰어나 집안 곳곳에 두면 좋다.

관리 조경 박스에 식물끼리 두면 서로 산소동화작용을 하기 때문에 식물이 오래도록 싱싱하다.

실버원통에 담아 우아함이 돋보이는 원통 조경박스

 홍콩대엽

 좁은 집안이라면 홍콩대엽 같은 증산작용이 뛰어난 큰 식물 하나만 놓아도 충분히 상쾌
함을 누릴 수 있다.

 1. 수경식물은 하이드로 볼로 채워져 있어서 따로 수위계를 통해 물의 양을 확인하고 물
을 주면 된다.
2. 건조하지 않게 자주 분무해 준다.

웅장함이 돋보이는 임페리얼

재료 반그늘에 둔다.

특징 보기에도 고급스런 식물로 공기정화작용이 뛰어난 식물이다.
빨갛게 꽃대가 올라오면서 꽃이 핀다.

관리 1. 잎이 두툼하고 넓어 수분함량이 많고 관리하기가 좋다.
2. 화분의 흙이 마른듯하면 물을 충분히 준다.

초보자도 키우기 쉬운 행운목

 대부분 줄기 윗부분에 잎이 무리지어 자란다. 노란색 줄무늬 또는 녹색 두 종류가 있다. 생명력
이 강해 초보자들도 키우기가 쉽다.

 1. 햇빛이 부족해도 잘 견디며 추위에도 강하고 집안 어디에서도 잘 자란다.
2. 충분히 물을 주며 공중 습도를 유지한다.

미니박스에 담아 선물

- **페페로미아**

특징 억세고 주름이 잡혀있거나 두툼하다.
걸이용으로도 활용할 수 있다.

관리 1. 반그늘이나 그늘에서도 잘 자란다.
2. 화분의 흙이 말랐을 때 물을 준다.

- **맨드라미**

특징 햇빛에 강해 주로 여름 화단이나
야외에 많이 심는다. 여러 종류로
개량되어 갖가지 모양이 있다.

관리 1. 밝은 광선에도 잘 견디며 과습하
지 않도록 한다.
2. 물은 보통 말랐을 때 준다.

미니 토피어리

수태를 이용해 토피어리를 만들어 소품에 담아 장식하면 색다른 멋을 즐길 수 있다.

만·들·기

준비물
테이블 야자, 수태, 낚싯줄

관리

1. 햇빛이 잘 드는 곳에 두지만 직사광은 피하는 것이 좋다.

2. 식물의 잎 끝 부분이 시들해지면 분무기로 물을 뿜어주고 토피어리의 겉 부분이 마르고 무게가 가벼워질 때 전체적으로 물을 뿌린다.

3. 시든 잎은 잘라주고 2개월에 한 번 정도 액체비료나 가루비료를 물에 섞어 뿌려주면 잘 자란다.

수태를 조금씩 떼어내어 분무기로 물을 충분히 뿌려준다.

테이블 야자의 흙을 깨끗이 털어내고 물이 흡수된 수태로 조금씩 감싸준다.

낚싯줄을 이용해 떨어지지 않도록 골고루 감아준다.

완성된 모습

고풍스러운 멋을 더하는
동양란 포장

주변에서 쉽게 구입할 수 있는 한지를 이용해 동양란의 고풍스런 멋을 연출해본다.

만·들·기

준비물

동양란, 한자문양 한지, 색이 진한 한지, 리본, 양면 테이프

포장시 주의

1. 물에 쉽게 젖지 않도록 부직포 재질의 포장지를 이용하거나 물빠짐 구멍을 만들어 준다.

2. 너무 화려한 포장지를 사용하면 식물의 색이 묻히므로 피하는 것이 좋다.

3. 화분 위로 포장지가 5cm 이상 올라와 식물의 얼굴이 가려지지 않도록 한다.

부직포

1. 부드럽고 주름 만들기가 쉬워 포장에 용이하다.

2. 구하기 쉬울 뿐만 아니라 가격 또한 비싸지 않아 부담없이 사용할 수 있다.

1. 한지를 구겨 자연스러운 느낌이 되도록 만든다.

2. 한지를 화분에 두른다.

3. 화분 아래쪽을 리본으로 묶는다.

4. 색이 진한 한지로 한번 더 감싸 마무리한다.

아이들이 좋아하는
벌레잡이 식물 바구니

예쁘게 포장한 벌레잡이 식물을 바구니에 담아두면 아이들에게도 좋은 교육재료가 된다.

만·들·기

준비물

끈끈이주걱, 파리지옥, 벌레잡이 제비꽃, 바구니, 포장지, 밴드 와이어

식충식물의 분류

잎이 변형된 주머니꼴의 기관(포충낭)을 가진 종류

네펜데스

1. 개폐기구가 있는 표충엽을 가진 종류 : 끈끈이주걱, 긴잎 끈 끈이주걱, 끈끈이귀개, 벌레먹이말

2. 점액을 분비하는 선모를 이용하는 종류 : 벌레잡이 제비꽃, 털잡이 제비꽃

바구니 크기에 맞게 포장지를 잘라 바구니 바닥에 깔아 준다.

장식용 넝쿨로 바구니를 돌려 감고 바구니 끝에 나비를 붙인다.

예쁘게 포장한 벌레잡이 식물을 바구니에 어울리게 담는다.

한쪽에는 인형으로 장식한다.

PAVV

옛스러운 멋을 풍기는
옥 잠 화

옥잠화의 꽃말은 추억, 오래된 뚝배기에 심어 잊고 있던 옛 이야기를 꺼내 보자.

특징
1. 한국, 중국, 일본 등지에 자생하는 백합과 식물로 주로 정원에 관상용으로 심는다.
2. 흰색의 꽃이 비녀를 닮아 옥잠(옥비녀)화라고 불린다.
3. 색채에 따라 다르지만 주로 5~9월 사이 꽃을 피우는데, 저녁에 피었다가 아침이 되면 시든다.
4. 꽃향기가 그윽하고 진하여 진달래나 두견화처럼 화전으로 부쳐 먹기도 한다.

장소 직사광이 내리쬐지 않는 습기가 많은 곳

관리
1. 배수가 잘되고 부식질이 많은 양토질에서 키우고 직사광선은 가급적 피해서 둔다.
2. 비교적 다루기 쉬운 강한 꽃으로 여러 가지 방법이 있지만 주로 포기 나누기 방법으로 번식한다.

화이트 화기에 예쁘게 담은
프테리스

깨끗한 그릇에 담아 식탁 가운데 두면 화려한 색의 꽃이 주는 또 다른 감동을 느낄 수 있다.

특징 1. 디시가든이나 테라리움에 많이 사용되고 조금 부주의해도 잘 자라는 강한 식물이다.
2. 고사리과 식물로 주로 열대, 아열대에 많이 분포한다.

장소 직사광선이 들지 않는 습한 곳

관리 1. 흙을 비교적 습하게 유지하고 겨울철엔 물주는 횟수를 줄이도록 한다.
2. 고사리류가 그렇듯 프테리스도 포자로 번식이나 포기 나누기로 번식한다.

귀엽고 앙증맞은
솔레이 롤리아

오래된 국그릇에 앙증맞은 솔레이 롤리아를 심어 주방의 요리시간을 즐겁게 만들자.

특징 1. 잎은 땅 위로 조밀하게 깔리면서 자라고 꽃은 앙증맞은 별 모양이다.

2. 군락을 이루어 자라는 식물로 원래는 외래종이지만 지금은 전국에서 발견된다.

장소 볕이 잘 드는 모래질 토양

관리 1. 습지 초원에서 자라는 종이므로 화분의 흙이 건조하지 않도록 주의한다.

2. 한여름엔 통풍이 잘되는 반그늘, 겨울철엔 차가운 장소에서 휴면 월동시킨다.

3. 너무 길게 자라거나 외관상 좋지 않은 부분은 잘라낸다.

4. 봄에 줄기를 잘라 꺾꽂이 해 준다.

건강한 식물 기르기를 위한
분갈이 1

만·들·기

준비물
동양란, 분갈이용 화분, 돌,
질석

동양란 관리

1. 2년에 한 번 춘분과 추분을 전후로 하여 봄, 가을에 분갈이를 한다.
2. 난을 기르는 분은 물빠짐과 통풍을 위해 분구멍이 크고 다리가 있는 것을 고른다.
3. 난은 품종에 따라 다르지만 대체적으로 화분 겉흙이 말랐을 때 물을 주도록 한다.
4. 배양토는 보수성, 배수성, 통기성이 좋은 것으로 잘 부숴지지 않는 것으로 사용한다.

화분에 배수용 돌을 깔고 흙을 약간 넣은 후 뿌리채 뽑은 난을 넣는다.

난의 뿌리가 자리를 잘 잡도록 꾹꾹 눌러 준다.

난화분에 질석을 덮어 마무리한다.

완성된 모습

LEVEND DESIGN ORLANDO HAMILTON
LEVEND DESIGN ORLANDO HAMILTON
THE ROYAL
HORTICULTURAL
encyclopedia of
PLANTS

건강한 식물 기르기를 위한
분갈이 2

만·들·기

준비물
마리안느, 옮겨심을 화분, 배합토, 솔, 모종삽

마리안느 관리

1. 강한 직사광은 피해두는 것이 좋으며 겨울철에는 13℃ 이상을 유지하도록 한다.
2. 물은 흙 표면이 마르면 주고 분무기로 자주 뿌려준다.
3. 잎이나 줄기에서 나오는 하얀액은 독성이 있으므로 눈에 들어가지 않도록 조심한다.

배수구에 부직포를 깔아 준다. 화분의 1/3쯤 배양토를 채운다.

마리안느를 화분에서 꺼내 뿌리에 묻은 흙을 반쯤 털어낸다.

새로운 화분에 옮겨 심은 후 배양토를 마저 채우고 꾹꾹 눌러 다져준다.

하이드로 볼을 깔고 물을 뿌려준다.

건강한 식물 기르기를 위한
분갈이 3

만·들·기

준비물
백정화, 옮겨심을 화분, 배양
토, 모종삽, 흰 자갈

백정화 관리

1. 흰색의 아름다운 꽃이 피는 관목으로 햇빛이 잘 드는 곳에서 기른다.
2. 물은 흙 표면이 말랐을 때 충분히 주면 된다.
3. 잎이 끝부터 갈색으로 말라가면 따내야 한다.

배수구에 부직포를 깔고 배양 토를 반쯤 채운다.

화분에서 백정화를 꺼내 흙을 반쯤 털어낸다.

백정화를 새 화분에 넣고 배 양토를 넣어 꾹꾹 눌러준다.

흰 자갈을 위에 깔아준다.

수경재배 HYDRO CULTURE

　하이드로 컬처에서 키우는 식물은 흙에서 키우는 식물과 달리 지렁이나 기타 다른 벌레 같은 이물질이 나오지 않아 실내에서도 깔끔하게 식물을 키울 수 있다. 물주기는 식물이 놓인 환경(빛, 습도 등)에 따라 다르다. 하이드로 컬처 시스템은 수위계(water level indicator)가 있어 물을 주는 시기를 알 수 있을 뿐만 아니라 따로 배수구가 필요 없어 항상 깨끗하고 편리하게 식물을 가꿀 수 있다.

부록

"알아두면 좋아요"

식물기르기 상식

실내 원예에 적합한 토양

일반적으로 식물을 기를 때 좋은 흙이란 통기성이 좋고 배수가 잘되며 수분과 영양분을 포함하고 있는 흙이다. 흙의 입자가 50%, 수분 25%, 공기 25%가 혼합되어 있으며 병충해에 오염되지 않은 토양이 가장 적합한 토양이다.

일반 화분 흙

실내용 화초에는 대부분 일반 흙(배양토)을 사용하면 된다. 입자가 고르고 진흙이 혼합되어 있으며 병균이나 벌레가 거의 없는 것이 좋다. 시중에 나와 있는 흙에는 비료가 배합되어 판매되는 것도 있다.

특수 배양토

특수 배양토에 심어야 할 경우 산성이 배합된 배양토, 통기성이 좋은 배양토를 사용한다. 선인장과 같은 다육 식물류는 통기성과 배수성이 뛰어난 모래 성분의 배양토를 필요로 하기도 한다.

하이드로 볼 수경재배나 화분의 장식용으로 사용한다. 찰흙을 작은 알맹이로 빚어낸 인공 토양으로 붉은색이며 보습성이 매우 좋다.

퇴비 채소나 볏집, 잡초 등에 주로 사용한다.

펄라이트 살균 소독한 흰색의 가벼운 인공 토양이며 배수성이 높다.

질석 완전 살균된 인공 토양으로 가볍고 보수력이 크다.

수태 토피어리를 만들 때 주로 쓰이는 것으로 물이끼라고도 부른다.

배수용 자갈

분갈이할 때 맨 밑에 들어가는 것으로, 배수층을 만들어 물이 잘 빠질 수 있도록 도와준다.

피트모스

늪지 바닥에서 채취한 토양으로 가볍고 보수력이 크다.

제오라이트

약반석이라고 하는 것으로 물을 정화시켜 주는 기능이 있어 수경재배할 때 물 속에 넣어두거나 테라리움을 만들 때 사용하면 배수층의 오염을 막을 수 있다.

에펙소일 : 미생물 처리된 토양으로 배수구가 없어도 재배가 가능하다.

배양토와 어울리는 식물

특수 배양토 : 감귤류, 선인장, 난초,

산성 배양토 : 안스리움, 아잘레아, 베고니아, 콜레우스

석회질 토양 : 수선화, 용설란, 산세베리아

실내 식물의 관리 요령

식물을 두기에 적합한 장소와 주의점

적합한 장소 : 식물에는 음지에서 키우면 좋은 것과 양지에서 키워야 하는 것이 따로 있다. 식물에 적합한 온도와 광선량, 통풍 정도 등을 염두에 두고 관리하면 싱싱한 모습을 오래도록 감상할 수 있다. 보통 베란다는 10℃ 이하, 거실은 15℃ 이상으로 구분하면 된다.

식물을 배치시 주의점 : 식물을 베란다에 놓을 때는 창문에 붙지 않게 주의해야 한다. 거실 안쪽에 식물을 놓으면 2℃ 이상 온도를 높이는 효과가 있다. 창문 쪽에 놓을 경우엔 찬바람이 들지 않도록 신경쓰고, 밤낮의 온도 차가 심할 때는 신문이나 비닐로 덮어 보온에 주의한다. 한낮엔 통풍을 시켜 온도차를 조절하는 것이 좋으며 난방기 가까이에 식물을 두지 않도록 한다.

햇빛 관리

대부분의 식물들은 햇빛을 받으면 탄산화작용을 하므로 잎에서 영양분을 필요로 한다.

때문에 겨울에도 밝은 빛을 받을 수 있도록 신경써야 한다. 빛이 부족하면 잎이 가늘어지고 색깔도 흐려지며 힘없이 잎이 떨어지기도 한다. 때문에 화분을 돌려가며 골고루 빛을 받을 수 있도록 해 준다.

햇빛의 양에 따른 식물 관리

식물 성분	직사광선에서 잘 자라는 식물	밝은 곳에서 잘 자라는 식물	음지에서도 잘 자라는 식물
기르기 적합한 장소	실외 또는 실내 베란다	거실의 창가쪽 베란다나 빛이 들어오는 창가	주방, 욕실, 현관 등 햇빛이 잘 비치지 않는 곳
관엽식물	호야, 산세베리아, 율마, 선인장, 다육식물류, 팔손이, 산호수, 천량금, 대부분의 실내식물	아펠란드라, 안스리움, 테이블야자, 드라세나, 보스턴 고사리, 벤자민, 고무나무 등	싱고니움, 아이비, 푸밀라, 페페로미아, 그킨답서스, 관음죽
꽃	푸크시아(종꽃), 팬지, 제라늄, 국화, 허브류, 페튜니아, 구근식물류		

통 풍

병충해를 막을려면 무엇보다 통풍에 신경써야 한다. 열대나 아열대가 원산지인 관엽식물의 경우엔 특히 더 통풍에 신경써야 하는데 봄이나 여름 등 기온이 높을 때는 항상 창문을 열어 환기시킨다. 식물은 광합성 작용을 통해 낮에는 이산화탄소를 흡수하고 산소를 방출하는데 공기 회전이 되지 않아 식물 주변의 산소 농도가 높아지고 이산화탄소의 농도가 낮아지면 식물이 제대로 광합성을 할 수 없게 된다. 때문에 식물에게 있어 환기는 필수 조건이다.

물주기 & 공중습도

물의 분량 : 식물은 그 종류에 따라 요구되는 물의 양도 다르다. 식물의 특성은 생김새만으로도 어느 정도는 알 수 있는데, 관엽식물의 경우에는 자주 물을 주는 것이 좋다. 잎이 얇거나 줄기가 가는 식물은 잎이 두껍고 줄기가 굵은 식물보다 자주 물을 주어야 한다. 또 화분의 종류에도 신경을 써야 하는데 토분에 심겨진 식물에는 다른 화분류보다 물을 자주 준다.

토분은 특성상 수분이 증발되는 성질이 있기 때문이다.

횟수 : 식물들의 활동이 활발한 봄부터 여름까지는 화분의 흙 표면이 말랐을 때 충분히 물을 주

고 가을부터는 서서히 그 횟수를 줄인다. 물주는 횟수는 식물이나 기르는 환경마다 다르기 때문에 며칠에 한번이라고 정할 수는 없지만 보통 화분의 흙이 말랐을 때 밑으로 흘러내릴 만큼 주면 된다.

시각 및 온도 : 여름에는 한낮을 피한 이른 아침이나 해질 무렵이 좋고, 겨울철엔 오전 10시경에 주면 좋다. 물의 온도는 실내온도와 비슷한 온도의 물을 주는 것이 좋다.

식물별 요구 습도 : 잎이 두껍고 매끈매끈한 식물들은 공중습도가 60%, 잎이 작고 얇은 식물들은 80% 이상의 높은 습도를 요구한다.

습도 조절하기 : 아파트는 실내 습도가 보통 20~30%로 식물이 자라기엔 건조한 편이다. 때문에 가습기를 틀어주거나 자주 분무기로 물을 뿜어주어 습도를 유지해주는 것이 좋다.

비료 주기

비료 주는 시기 : 비료는 보통 봄과 여름철, 즉 식물의 활동이 활발한 생육기에 주는 것이 좋다. 보통 겨울철은 식물 대부분이 휴면기에 접어들기 때문에 비료를 흡수하지 않는다. 때문에 비료를 주어도 뿌리가 흡수할 수 없어 썩는 경우가 있으므로 주의해야 한다(동·서양란은 특히 주의해야 한다).

비료의 종류 : 봄에 분갈이할 때는 천연재료로 만든 유기질 비료(퇴비)를 사용한다. 효과를 빨리 보기 위해서는 액체, 알갱이, 고체 등의 화학비료를 주는데 설명서에 있는 용량보다 약간 적게 주는 것이 좋다.

병충해

발생 원인 : 실내가 건조하거나 환기가 안 되고 배수가 안 될 때 많이 생긴다. 병든 잎이나 가지를 발견하면 빨리 잘라내고 통풍이 잘되는 밝은 곳으로 식물을 옮겨야 한다.

예방 방법 : 생장 촉진제를 뿌려주고 잎에 물을 자주 뿌려 잎이 촉촉할 수 있도록 관리해주어야 한다. 잎에 먼지가 쌓이지 않도록 자주 잎을 닦아줘야 식물이 호흡하는 데 도움을 주며 병충해도 예방된다.

✱ 생장 촉진제 : 과일에 쓰는 약품으로 농약의 한 종류로 볼 수 있다.

✴ 잠깐, 우리집 식물이 아파요!

잎이 아래로 처진다. 물이 부족하거나 햇빛이 부족할 때 생기는 현상
꽃이 피지도 않고 떨어진다. 실내가 건조 할 때, 또는 물이 너무 부족할 때 생기는 현상

병충해의 종류

깍지벌레

현상 잎 뒷면이나 가지에 둥그렇고 납작하게 붙어 있다.
원인 통풍이 안 되고 건조할 때
관리 벌레가 많지 않을 땐 티슈에 물을 묻혀서 잡은 다음 깨끗한 물로 씻어주고, 심할 땐 살충제를 뿌린다(스프라사이드 spracide).

진딧물

현상 새싹이나 꽃눈 등 식물의 여린 부분에 나타나는 벌레
원인 따뜻하고 건조한 환경
관리 손으로 털어내거나 비눗물을 뿜어준다. 심할 경우 살충제를 뿌린다(마라치온 malachion).

응애

현상 잎과 가지에 거미줄처럼 생긴 것이 쳐져 있고 작은 점들이 생긴다.
원인 너무 건조하고 따뜻한 환경
관리 손상된 잎을 제거하고 물로 깨끗이 씻어낸다. 치료가 안 된다면 살충제를 뿌린다(켈센 kelthane).

분갈이

이유 : 식물이 제한된 공간에서 성장하다 보면 뿌리가 화분 안에 꽉 차서 식물이 제대로 숨을 쉴 수 없게 된다. 그래서 보통 식물들은 2~3년마다 큰 화분으로 옮기거나 포기 나누기를 한다.

시기 : 뿌리가 화분 구멍으로 나오는 경우, 흙이 굳어져서 물 흡수가 제대로 되지 않는 경우, 뿌리가 썩어 식물 아랫부분 잎이 시드는 경우에 분갈이를 하는데 봄철(4~6월)과 가을철(9~10월)에 하는 것이 가장 좋다.

방법 : 화분 밖 뿌리를 제거하고 흙과 화분을 분리시킨 다음 식물을 꺼낸다. 뿌리의 흙을 반쯤 털어내고 뿌리를 정리한다. 새로 심을 화분에 그물망을 깔고 깨진 화분 조각과 자갈을 2~3cm 정도 채워 배수층을 형성한다(자갈이나 마사토를 이용해도 된다). 화분의 1/3 정도 배양토를 채운 다음 식물의 뿌리를 곧게 펴서 화분에 넣고 다시 배양토를 뿌리 사이에 골고루 넣어준다. 흙이 뿌리 속으로 골고루 스며들도록 화분을 바닥에 대고 톡톡 쳐준다.

관리 : 물을 충분히 주고 바람이 없는 그늘에서 2~3일 정도 뿌리가 내리도록 둔다.

계절별 식물 관리

봄 : 불필요한 줄기나 가지는 잘라내고 분갈이가 필요한 식물은 분갈이를 해주고, 영양 공급을 위한 비료도 준다. 활발한 활동을 시작하는 시기이므로 물도 자주 주고 통풍에도 신경써야 한다. 뿐만 아니라 진딧물이 생기는지도 잘 살펴봐야 한다.

여름 : 수분 손실이 많은 시기이므로 물을 자주 주고 분무기로 뿜어 주거나 주변에 물그릇을 놔

두고 공중습도를 높여준다. 직사광선에 노출되지 않도록 차광에 신경쓰고 기온이 높으므로 통풍을 자주한다.

가을 : 식물들의 활동이 급격히 줄어들 때이므로 물주는 횟수를 점점 줄여간다. 물을 많이 주어 뿌리가 썩는 것을 주의하고 비료도 주지 않는다.

겨울 : 식물이 자라기에 적당한 온도를 조성하고 물주는 횟수를 줄인다. 난방으로 인해 건조할 수 있으므로 공중습도에 신경 쓰고 베란다에서 햇빛을 받을 수 있도록 한다.

수경재배

식물을 흙이 아니라 하이드로 볼 등을 이용하여 물에서 키우는 방법이다. 여름철엔 시원함을, 겨울철엔 실내 습도 유지에 도움되는 식물 재배법으로 주로 투명한 유리화기를 사용한다.

방법 : 투명한 유리화기에 물과 함께 색돌이나 구슬, 조개껍데기 등을 넣어 꾸민다.

관리 : 물이 줄어들 때마다 채워 주거나 1주일에 한 번 정도 물을 갈아준다. 일시적으로 꽃을 보는 게 목적인 구근식물류는 비료가 필요 없지만, 관엽식물을 수경재배법으로 키울 때는 액체 비료를 희석해 한 달에 두 번 정도 넣어준다.

수경재배가 가능한 식물 : 싱고니움, 페페로미아, 스파트 필름, 아이비, 스킨답서스

원예 치료

식물이나 원예 활동을 통해서 원예치료사와 대상자,
또는 대상자 그룹이 문제를 해결해 가는 일련의 과정

원예 치료의 필요성

사회가 급속히 산업화, 도시화, 현대화, 기술화되면서 생활의 질이 향상된 것처럼 보이지만 사실은 그로 인해 생기는 각종 공해와 오염, 쓰레기, 범죄, 녹지의 감소에 따른 정신과 육체의 불균형으로, 삶의 질은 위협당하고 있는 실정이다.

때문에 도시에서 살아가는 현대인이라면 마음의 휴식처나 가장 이상적인 나만의 편안함을 꿈꾼다. 사람마다 조금씩 다르지만 누구나 나무와 꽃이 있고, 냇물이 흐르는 자연친화적인 풍경을 이상향으로 열망하고 있을 것이다. 이런 인간의 열망을 연결시키는 가교 역할을 하는 것이 바로 '원예'이다.

현대인에게는 생활의 편리함이 더 이상 삶의 전부가 아니다. 지친 몸과 마음을 편안히 하고 평온해질 수 있기를 바란다. 이런 욕구에 가장 충족시켜 주는 것이 식물을 곁에 두고 이를 가꾸는 행위이다. 식물을 기르고 가꾸는 일련의 과정을 통해 우리는 기대 이상의 다양한 효과를 누릴 수 있을 것이다.

식물이나 원예활동을 통해 사회적, 교육적, 심리적 또는 신체적 적응력을 기르고, 지친 심신을 달래고 회복을 추구하는 전반적인 활동을 원예 치료라고 한다.

원예 치료의 특성

최근엔 전통적인 치료 방법 외에 원예 치료를 비롯한 음악 치료, 미술 치료, 동물 치료, 향기 치료 등 대체 치료가 보편화되고 있다. 이 중에서 원예 치료는 여타의 다른 방법들과 확연히 구분되는 특성이 있다.

첫째, 살아있는 생명을 다루는 활동이기 때문에 성장 과정을 통해 무생물과는 다른 감흥을 얻을 수 있다. 또한 다양한 식물을 통해 오감이 자극된다는 특징이 있다.

둘째, 대상자의 행동과 관심도에 따라 식물의 상태가 달라지고 그러한 변화를 통해 자부심과 책임감을 느끼게 된다.

셋째, 원예 치료는 수확을 통해 여러 가지 창조적인 활동을 할 수 있다. 생명을 파괴하는 행위를 통해 또 다른 예술로 승화시키는 창조적 파괴 활동이 가능하다.

넷째, 녹색은 낙원의 이미지와 가장 가까워 심리적 안정과 유연성을 가져다 준다. 이런 기능은 자연에 대한 본능적인 그리움을 가지고 있는 현대인들이 자연과 가까이 할 수 있는 가장 효과적인 방법이다.

다섯째, 보호받는 입장에 가까웠던 사람이라면 자신이 직접 식물을 돌보고 수확물을 얻으면서 자신도 누군가를 돌볼 수 있다는 자신감을 가지게 된다.

원예 치료의 대상

원예 치료는 연령, 배경, 능력 등과 관계없이 모든 사람에게 효과적이며 유익한 치료 방법이라고 알려져 있다. 원예 치료가 가장 효율적으로 사용되는 곳은 병원의 재활시설, 직업시설, 공동체 정원, 식물원, 학교, 농장, 원예 사업장, 교도소 등이다. 또한 신체, 심리, 그리고 발달면에서 장애를 가진 어른이나 어린이, 질병이나 상처에서 회복 중인 환자들, 병원이나 요양시설에서 삶의 질을 높이고자 하는 사람들, 폭력 피해자나 가해자, 범죄자, 약물 중독이나 알코올 중독에서 회복 중인 사람들도 원예 치료의 효과를 기대할 수 있다.

원예 치료의 효과

첫째, 원예 활동을 통해 호기심을 유발시켜 관찰력이 깊어지고 그 결과를 해석하는 과정을 통해 판단력과 대처 능력이 배양된다. 오감의 자극을 통해 주변에 대한 감수성이 발달함과 동시에 지적 능력 또한 높아질 수 있다.

둘째, 원예 활동은 혼자 할 수도 있지만 합동 작업을 요하는 경우가 많아 그룹 안에서 각자의 역할을 분담하고 자신이 책임져야 할 부분이 생긴다. 그런 일련의 과정을 통해 책임감과 자

립심을 키우게 되고, 대인관계의 향상과 자기 존재 가치를 깨달아 보람을 느끼게 되는 사회적인 효과 또한 크다.

셋째, 원예 활동은 할 수 있다는 자부심과 자신감을 증가시킨다. 또, 식물이 자라는 모습을 보면서 장래에 대한 희망과 창의력, 자아표현을 계발시키는 계기가 된다.

넷째, 원예 치료는 기본적인 운동 근육 기능의 발달 및 향상을 가져오며, 기초 운동 기술의 발달을 도와주고 실외 운동 연습을 할 수 있는 기회를 제공한다.

원예 치료의 적용

원예 치료는 어떤 목적을 가지고 행하든지 계획적이고 효율적인 과정을 설정하는 것이 중요하다. 이는 진단 및 준비단계, 계획단계, 실행단계, 평가단계의 구체적인 순서로 진행된다. 이것은 다시 대상자가 직접 활동에 참여하는 동적 방법(참여 방법)과 다른 사람에 의해 이루어진 결과를 재배나 관리의 부담없이 관찰하는 수동적 방법(관찰 방법), 식물 자체가 주위 환경에 미치는 영향을 통해 인간이 치료 효과를 얻는 객체적 치료방법으로 구체화된다.

'실내 식물이 인간의 정신 생리에 미치는 영향'의 연구 결과에 따르면, 단순히 식물을 쳐다보는 것만으로도 알파파를 증가시켜 편안함을 느끼며 사고력과 집중력을 높여 준다. 이는 식물이 단순한 미적 가치를 넘어 인간의 정신 생리에 직접적인 영향을 미치는 것을 보여주는 예이다.

이곳에 가면 식물을 살 수 있어요

인테리어가 가능한 식물, 기능성 식물, 공간 장식용 식물을
전문적으로 취급하는 유럽 스타일의 원예 전문점이다.

**플로니
본점**

위치 　과천시 과천동 327-1번지
전화 　019-393-1703
인터넷 　www.floni.co.kr

**예화
플라워샵**

동 · 서양란, 경조화환, 관엽, 조경, 꽃바구니, 꽃다발,
성전 꽃꽂이, 공간 디스플레이, 토탈웨딩장식 취급

위치 　인천광역시 연수구 청학동 547-11
전화 　032)832-0133

기분좋은 실내 화초 가꾸기

녹색식물 Home 인테리어

2006년 5월 15일 1판 1쇄
2007년 9월 15일 2판 1쇄

감　　수 : 임순기
저　　자 : 김혜정
펴낸이 : 이정일

펴낸곳 : 도서출판 **일진사**
140-896 서울시 용산구 효창동 5-104
대표전화 : 704-1616, 팩스 : 715-3536
등록번호 : 제3-40호(1979. 4. 2)
http://www.iljinsa.com

값 12,000원

ISBN : 978-89-429-0981-0